Bettina Birkner

Australian Shepherd
Einfach nur Aussie genannt

AF721284

Bettina Birkner

Australian Shepherd
Einfach nur Aussie genannt

Bibliografische Information der Deutschen Nationalbibliothek
Die Deutsche Nationalbibliothek verzeichnet diese Publikation in der Deutschen Nationalbibliografie; detaillierte bibliografische Daten sind im Internet über dnb.d-nb.de abrufbar.

Für Fragen und Anregungen:
info@asgard-aussies.de

I Auflage 2010

@ 2010 Bettina Birkner

Alle Rechte, insbesondere das Recht der Vervielfältigung und Verbreitung sowie der Übersetzung, vorbehalten. Kein Teil des Werkes darf in irgendeiner Form (durch Fotokopie, Mikrofilm oder ein anderes Verfahren) ohne schriftliche Genehmigung des Verlages reproduziert oder unter Verwendung elektronischer Systeme gespeichert, verarbeitet, vervielfältigt oder verbreitet werden.

ISBN 9783837091472

Herstellung und Verlag: Books on Demand GmbH, Norderstedt

Für Buke und Cheyenne

Inhaltsverzeichnis

Wo kommt der Aussie her und was zeichnet ihn aus? 11
Wichtige Daten 13
Der Aussie Heute! 14
Das Wesen des Aussies 16
Der Aussie und das Wasser 17
Aussies und andere Tiere 18
Allgemeine Erscheinung 19
Farben 24
Fehler der Allgemeinen Erscheinung 27
Rassespezifische Erkrankungen 28
Krankheiten und was sie bedeuten 29
Anschaffung 30
Show- oder Hütelinie? 32
Soll dein Aussie Papiere haben? 34
Der Kaufvertrag 36
Ein Hund aus dem Ausland? 38
Wie finde ich einen Aussie im Ausland? 40
Abholen oder schicken lassen? 41
Ein paar Hinweise, wie du die Box vor der Abreise vorbereitest 43
Halter / Besitzer / Eigentümer des Hundes 45
Mein Aussie war dabei 46
Dinge die du brauchst, wenn dein Aussie einzieht 47
Fly – Boxen 48
Futter 49
Der Tag an dem mein Aussie einzog 50
Hilfreiche Tipps 51
Dinge die du schon von Welpenalter an üben musst 52
Gefahrenquellen die du vielleicht noch nicht bedacht hast 53
Spielen 54
Treppen 55
Zähne 56
Der Junghund 57
Der Erwachsene Hund 58
Trainings - und Erziehungsmethoden 60
Ein paar Trainings- und Erziehungsmethoden sind 62
Hundeschule 63
Agility 64
Obedience 66
Breitensport, Turnierhundsport 67
Dogdancing 68

Disc Dogs	69
Sledding	70
Hüten mit einem Aussie	71
Trials	74
Zucht	75
DNA – Test	78
Zuchttauglichkeit des Rüden	80
Verhütung	81
Zyklus der Hündin	83
Vor der Deckung	86
Der Deckakt	87
Schwanger ohne Hängen	89
Künstliche Befruchtung	90
Es gibt unterschiedliche Möglichkeiten der Samen	91
Störungen der Schwangerschaft	93
Progesterontest	94
Farbenvererbung beim Aussie	95
Die Entwicklung im Mutterleib	98
Die Geburt	101
Mögliche Erkrankungen im Zusammenhang mit einer Geburt	103
Ein Welpe ist ein Nesthocker	105
Zähne und der Zahnwechsel	108
Sinne	109
Absetzen des Welpen	110
Entwurmung	111
Impfen	112
Wurfbox	113
Welpenspielplatz	116
Positiver Stress	117
Einem Verein beitreten oder nicht?	119
Waschen und Baden	121
Trimmen und Scheren	122
Welche Bürste bei einem Aussie?	123
Der Ablauf im Show - Ring	124
Das Vorführen, auch Handling genannt	127
Grundvoraussetzungen für ein erfolgreiches Ausstellen	128
Das Aufstellen	129
Die Bewertung	131
Checkliste für eine Ausstellung	132
Das kleine Aussie – Lexikon	133
Regenbogenbrücke	135

Wo kommt der Aussie her und was zeichnet ihn aus?

Leider liegen die Ursprünge des Australian Shepherd, der weltweit liebevoll Aussie genannt wird, aufgrund von fehlenden Aufzeichnungen größtenteils im Ungewissen, daher können nur Vermutungen angestellt werden, wie und wo er entstanden ist. Und obwohl der Name es nicht erahnen lässt liegt der züchterische Ursprung des Aussies in den USA, genauer Nord - Amerika.

Mit der Besiedelung des amerikanischen Westens beginnt auch die Geschichte des Australian Shepherd. Als gegen Anfang des 20. Jahrhunderts Tausende von Wollschafen (Merino-Schafe, sie entstanden in Australien), vor allem in den Westen und Nordwesten der heutigen USA importiert wurden, kamen mit den Schafen auch die Schäfer und ihre Hunde nach Amerika. Deshalb wurden die dazugehörigen Hunde auch "Australian Shepherds" genannt. Ureinwohner Amerikas verehren den Australian Shepherd, er ist ihnen heilig und wird von ihnen "ghost – eyed - ones", der mit den Geisteraugen, genannt.

Die Pyrenäenschäferhunde, die von baskischen Schäfern aus der Heimat mitgebracht wurden, um sie bei der Arbeit zu unterstützen, werden noch Heute als Entstehungsrasse angesehen aus der der heutige Aussie gezogen wurde und vor allem entstanden ist.
Da das Leben der Schäfer sehr hart war, wurde von den Hunden gefordert das sie zäh und anpassungsfähig sein mussten um ihre Aufgaben auch erfüllen zu können. Denn die meisten Aussies konnten und mussten auch an Rindern arbeiten, nicht nur an Schafen. Sie mussten auch ihre Schäfer vor wilden Tieren schützen und durften keine Angst zeigen. Alle diese Eigenschaften brachte der Aussie mit sich und darum setzen die Farmer auch Alles daran diese Rasse zu erhalten, da die Aussies sich sehr schnell zum ideale Hund für die Farm und Ranch entwickelten. Er war nicht nur vielseitig einsetzbar sondern auch eine der intelligentesten Rassen dieser Zeit. Da sie nicht nur ihr Arbeit machten, sondern mehr als man von ihnen verlangte. Dadurch war er der beliebteste Ranchhund seiner Zeit.

Aus diesem Grund begannen die Farmer den Typ des Australian Shepherd zu festigen, das Äußere war nebensächlich, es ging vor allem um Karrakter, Gesundheit, Arbeitswille und Persönlichkeit. In den fünfziger Jahren festigte sich der Typ des Aussies, besonders im Nordwesten der USA begann die Zucht des Aussies.

In den 50er - Jahren wurden die "little blue dogs" durch ihre tollen Tricks bekannt und sogar berühmt. Durch Vorführungen von Jay Sislers auf Rodeos und anderen Veranstaltungen wuchs das Interesse an diesen Hunden und der moderne Aussie, wie wir ihn Heute kennen, begann sich zu entwickeln.

Die Gerüchte, dass der Aussie oder der Australian Kelpie, Dingo - Mischlinge sind, ist falsch. Nach zwei überwachten Zuchtversuchen, die beide mit einem totalem Misserfolg endeten, wurde Jedem schnell klar, das bei Gebrauchskelpies selbst ein Hund mit extrem geringem Anteil von Dingo - Blut in den Adern viel zu wild für die Hütearbeit wäre. Somit wurde schnell klar, dass der Australische Wildhund oder Dingo keinesfalls an der Züchtung des Australian Kelpie oder Australian Shepherd beteiligt war.

Wichtige Daten

1957 wurde in Arizona der ASCA (Australian Shepherd Club of America) gegründet.
1971 übernahm der ASCA die Registrierung der Australian Shepherds, die wurde zuvor von der National Stock Dog Registry (NSDR) geführt
1974 wurde das Stock - Dog Programm eingeführt, um die Arbeitseigenschaften des Australian Shepherds zu erhalten und zu fördern
1977 wurde der Rassestandard für den Australian Shepherd bekannt gegeben
1991 eröffnete der AKC (American Kennel Club) ein Zuchtbuch für den Australian Shepherd und entwickelte 1993 einen eigenen Standard
Der ASCA und auch der AKC veranstalten Schönheitswettbewerbe, Gehorsams- und Arbeitsprüfungen. Die meisten Aussies sind bei beiden amerikanischen Organisationen registriert.
Der FCI (Fédération Cynologique Internationale) erkannte den Australian Shepherd 1996 als Rasse in Beobachtung an.

Der Aussie Heute!

Der Aussie ist etwas länger als hoch und von mittlerer Größe und Knochenstärke und dennoch ein gut ausbalancierter Hund, lebhaft und mit einem einigermaßen ausgeprägten Hütetrieb. Er ist ein ausgezeichneter Arbeitshund und zeichnet sich durch seine vielen Einsatzmöglichkeiten aus. Er erledigt die ihm gestellten Aufgaben mit großer Ausdauer und großem Eifer wobei er oft mehr tut als gefordert wurde. Parallel dazu ist er bei ausreichender Beschäftigung auch ein wunderbarer Familienhund, Er will immer ein Teil der Familie sein und es gibt nichts schöneres für ihn als einen festen Platz im "Familien-Rudel" einzunehmen. Aus diesem Grund sollte man einen Aussie auch nicht als Zwingerhund halten. Er braucht den direkten Bezug zu „SEINER“ Familie.

Aussies werden in allen möglichen Sparten der Hundearbeit eingesetzt und erledigt diese mit großem Bravour. Aussies arbeitet nicht nur mit Schafen, sondern auch mit größeren Tieren wie Rindern. Die Arbeit als Schutz-, Therapie oder Rettungshund bietet dem Aussie alle Möglichkeiten, seine Vielseitigkeit zu beweisen. Selbst für den Hundesport wie Agility, Breitensport, Flyball, Dog-Dance, Obedience o.ä. ist der Aussie aufgrund seiner Schnelligkeit, Wendigkeit und Trittsicherheit hervorragend geeignet. In Amerika werden diese außergewöhnlichen Hunde auch als Behindertenhunde und Polizeisuchhunde erfolgreich eingesetzt. Auch als Reitbegleithund wird er immer wieder gerne eingesetzt.

Der Aussie ist ein einigermaßen leicht erziehbarer und arbeitswilliger Hund, mit rascher Auffassungsgabe und bei ausreichender Beschäftigung ein idealer Familienhund. Wichtig ist es ihm am täglichen Geschehen rund um sein Heim teilzuhaben und folgt seinem Besitzer wie ein Schatten.
Im Grossen und Ganzen ist der Aussie ein selbstbewusster, intelligenter, pflichteifriger und anhänglicher Hund von großem Durchsetzungsvermögen und großer Ausdauer. Was er sich auch bis ins hohe Alter bewart, die Lebenserwartung ist zwischen 12 – 14 Jahre.

Als Wachhund an sich ist der Aussie nicht geeignet, er macht viel über Stimme und verbellt und meldet, allerdings verteidigt er nicht unbedingt.

Das Wesen des Aussies

Es gibt bei kaum eine andere Rasse, wo das Temperaments so variiert wie bei einem Aussie. Von extremen Bewegungsdrang bis hin zum Stubenhocker ist alles dabei. Grade daher muss man schon beim Welpen darauf achten ob der einzelne Aussie, vom Temperament und Wesen, auch wirklich zu jeder einzelnen Person und den Lebensumständen passt. Unabhängig von Wesen und Temperament ist jeder Aussie extrem intelligent und muss sowohl geistig als auch körperlich gefördert und trainiert werden. Da sich ein Aussie auch selbst Aufgaben stellt, kann das schnell zu unterwünschten Handlungen und Unarten führen. Durch dieses Fähigkeit ist es ihm allerdings auch möglich, Aufgaben die ihm gestellt werden und Kommandos schneller zu erlernen, da sie ein ausgeprägtes „will to please“ haben und immer ihrem Besitzer gefallen wollen.

Der Aussie und das Wasser

Ich habe bis jetzt keine Rasse kennen gelernt die so Wasserverrückt ist wie ein Aussie. Nicht nur das Seen, Teiche und Pfützen zum suhlen genutzt werden, nein! Wenn ein Eimer Wasser rumsteht, wird darin gebuddelt, der Kopf rein gesteckt oder der Eimer gleich umgekippt, damit er sich im Wasser wälzen kann.
Dementsprechend sieht dein Aussie dann natürlich auch aus. Auch wenn diese Vorliebe für den Menschen „lästig" ist, gönn es deinem Aussie und trockne ihn hinterher lieber ordentlich ab...
Grade durch diese Leidenschaft musst du deinem Aussie gleich zu Beginn beibringen das er beim Betreten von eurem Haus abgetrocknet wird. Er muss, bevor er überall Flecken gemacht hat, brav stehen bleiben und alle seine Füße nach und nach zum saubermachen anheben lassen, ohne sich zu setzten. Ihm das zu lehren geht sehr schnell, bei den ersten Malen ist es vielleicht nicht ganz so einfach, doch dann hat er es schnell verstanden. Es ist nur Wichtig das immer ein sauberes Handtuch griffbereit ist, damit es nicht zu lange dauert.
Und auch hier ist es Wichtig, deinen Aussie immer zu loben und ihm spielerisch beizubringen das es etwas sehr positives ist.

Aussies und andere Tiere

Ein Aussie ist ein Liebhaber aller Rassen und Tierarten, egal ob es ein Hamster, ein Pferd oder ein anderer Hund ist. Ich habe noch nie erlebt, das ein Hund so unkompliziert und umgänglich ist mit allen anderen Tieren. Natürlich wird es auch Ausnahmen geben, doch im Großen und Ganzen kenne ich nur Aussies die es lieben mit jeder Menge andere Tierarten zusammen zu leben und zu spielen.
Grade mit Katzen haben einige Hunderassen Probleme und jagen sie, egal wann und wo. Bei einem Aussie kann es natürlich auch vorkommen, doch ist es ehr so, das er mit ihr spielt als sie zu jagen! Wenn eine Katze von klein auf mit dem Aussie aufwächst, werden sie die besten Freunde werden und sogar das Essen teilen.

Allgemeine Erscheinung

Ein Aussie besitzt einen sehr ausgeglichenen Körperbau. Bei seiner Größe und Knochenstärke spricht man von mittleren Werten. Kaum eine andere Rasse ist so aufmerksam und lebhaft, zeigt Stärke sowie Ausdauer und das kombiniert mit einer außergewöhnlichen Geschmeidigkeit, Beweglichkeit und eine gute Bemuskelung. Ein Aussie ist etwas länger als hoch (die Länge des Rumpfes wird von der Brustbeinspitze zum Sitzbeinhöcker gemessen) und sein Fell ist halblang, wetterbeständig und besitzt eine dichte Unterwolle, wobei die Haare starr und leicht gewellt sind. Das Haar ist kurz und glatt am Kopf, an der Außenseite der Ohren, der Vorderseite der vorderen Läufe und unterhalb der Sprunggelenke. Die Dichte der Unterwolle ändert sich anhand der klimatischen Bedingungen. Auch die Hinterseiten der Vorderläufe und die "Hosen" sind befedert. Mähne und Halskrause sind ausgebildet, bei den Rüden mehr als bei den Hündinnen. Ein atypisch beschaffenes Haarkleid ist ein schwerer Fehler. Die Fellfärbung hat eine große Variationsbreite und Individualität. Eine identifizierende Charakteristik ist seine natürliche oder kupierte Stummelrute. Die Geschlechtsunterschiede zwischen Rüden und Hündinnen sind deutlich erkennbar. Der Körperbau des Rüden ist dem Geschlecht entsprechend kräftiger, ohne jedoch plump zu wirken. Die Hündin ist sehr feminin in ihrem Aussehen, jedoch ohne jegliche Mängel in ihrem Knochenbau.

Kopf

Der Kopf eines Aussies hat sauberen Umrisslinien, ist wohlgeformt und kräftig. Der Kopf steht in einem guten Größenverhältnis zum Körper.
Der Oberkopf ist flach bis leicht gewölbt. Die Länge und Breite sind ähnlich der Länge der Schnauze, die ausgeglichen und gut proportioniert zum Rest des Kopfes ist. Bei einigen Aussies ist der sogenannte Hinterkopfstachel zu sehen!

Schnauze

Die Schnauze verjüngt sich zu einer fein gerundeten Nasenspitze. Der Stop ist nur mäßig ausgeprägt, dennoch sehr deutlich zu erkennbar.

Nasenschwamm

Bei einem Blue - Merle und bei Aussies mit schwarzem Haarkleid ist der Nasenschwamm und die Lippen schwarz pigmentiert.
Bei einem Red – Merle Aussie und Aussies mit rotem Haarkleid ist der Nasenschwamm leberfarben (braun).

Hinweis: Bei Blue- Merle Aussies und Red – Merle Aussies sind kleine rosa Flecken geduldet, sollte bei Aussies die älter als ein Jahr sind, nicht mehr als 25 % der Fläche des Nasenschwammes einnehmen. Ansonsten ist es ein schwerer Fehler.

Fang

Der Fang ist in etwa gleich lang oder ein kleines Bisschen kürzer als der Schädel. Von der Seite gesehen verläuft die Begrenzungslinien des Schädel und Fang parallel.

Zähne

Ein Aussies sollte ein vollständiges Scherengebiss haben, die Zähne sind gesunden und weiß. Ein glatter Aufbiss ist ein Fehler. Abgebrochene Zähne und Zähne die durch einen Unfall fehlen, werden nicht als Fehler angesehen. Ein Zangengebiss wird toleriert.

Hinweis: Disqualifizierende Fehler sind ein Unterbiss oder Überbiss der größer als 0,31 cm ist.

Augen

Die Augen eines Aussies sind sehr ausdrucksstark, durchdringend und zeigen allgegenwärtig Aufmerksamkeit und ein hohes Maß an Intelligenz. Sie sind klar, mandelförmig und von mittlerer Größe. Sie sind ein wenig schräg angesetzt, jedoch weder vorstehend noch eingefallen. Sie haben dunkle Pupillen, sind scharf abgegrenzt und perfekt positioniert.

Folgende Augenfarben kommen bei den Aussies vor:
grün, blau, bernsteinfarben, braun oder jede Variation oder Kombination, auch mit Flecken und / oder Marmorierungen.

Die meisten Blue - Merle Aussies und die Aussies mit schwarzem Haarkleid sollten eine schwarze Augenumrandung haben, die meisten Red - Merle Aussie und die Aussies mit rotem Haarkleid haben eine braune (leberfarbene) Pigmentierung.

Ohren

Die Ohren eines Aussies sind hoch angesetzt an der Seite des Kopfes, sie sollten dreieckig sein und an der Spitze leicht gerundet, von mittlerer Größe und Dicke. Die Länge wird gemessen indem man die Spitze des Ohres an die Innenseite der Ecke des Auges führt. Bei voller Aufmerksamkeit müssen die Ohren nach vorne fallen, zwischen der

Hälfte und einem Viertel vom Ansatz gerechnet.

Hinweis: Sowohl Hängeohren und Stehohren sind schwere Fehler.

Nacken und Körper

Der Nacken eines Aussies ist fest, klar und steht in guter Proportion zum Körper. Dieser ist von mittlerer Länge, leicht gewölbt und gut in die Schultern eingesetzt. Auch der Körper ist fest und muskulös, die Rückenlinie erscheint waagerecht bei einer natürlichen viereckigen Haltung. Die Brust ist tief angesetzt und fest mit wohlgeformten Rippen. Der Brustkorb darf aber nicht tonnenförmig oder flach sein! Die Lende ist von oben gesehen stark und auch breit. Die Unterlinie steigt langsam von vorne nach hinten an. Die Kruppe ist mäßig abfallend. Der Idealwinkel liegt bei 30 Grad von der Horizontalen.

Vorderhand

Die Schulterblätter sind lang, flach und eng angesetzt am Widerrist. Sie sind etwa zwei Finger breit auseinander bei natürlicher Haltung. Der Oberarm ist in einem nahezu rechten Winkel an die Schultern angesetzt, wodurch die Vorderbeine gerade und senkrecht stehen. Das Ellbogengelenk ist genauso weit vom Boden entfernt wie vom Widerrist. Die Beine sind sehr kräftig und gerade, wobei die Fesseln kurz und stark sind. Dennoch sind sie flexibel und zeigen von der Seite gesehen einen leichten Winkel. Die Pfoten eines Aussies sind oval geformt, mit eng verbundenen und gut gewölbten Zehen. Die Ballen sind dick und elastisch, die Krallen sind kurz aber kräftig.

Hinterhand

Die Weite der Hinterhand ist annähernd gleich der Weite der Vorderhand. Die Winkelung vom Becken zum Oberschenkel entsprechen der Winkelung von Schulterblatt und Oberarm, wobei sie nahezu einen rechten Winkel bilden. Die Kniegelenke sind klar definiert und die Sprunggelenke sind mäßig gebogen. Die

Hintermittelfußknochen sind kurz, senkrecht zum Boden und parallel zueinander. Die Pfoten sind oval geformt, mit eng verbundenen und sehr gut gewölbten Zehen. Die Ballen sind dick und elastisch. Die Krallen sind kurz, aber sehr stark.

Gangwerk

Die Gangart des Aussies ist leicht, frei und geschmeidig. Er hat einen harmonischen, gut ausbalancierten und raumgreifenden Bewegungsablauf. Vorder- und Hinterläufe bewegen sich gerade und parallel zur mittleren Achse des Körpers. Bei zunehmender Geschwindigkeit nähern sich Vorder- und Hinterpfoten der mittleren Schwerpunktslinie des Körpers, während der Rücken fest und waagerecht bleibt. Der Aussie muss flink sein! Und die Fähigkeit besitzen, sofort einen Richtungswechsel vorzunehmen oder eine andere Gangart einzuschlagen, dass ist von großer Wichtigkeit bei der Hüte- und Treibarbeit.

Rute

Beim Aussie kommt die Rute in vielen verschiedenen Längen vor. Von der kurzen Stummelrute (nbt), über die viertel-, halb, dreiviertellange Rute bis hin zur vollständigen langen Rute. Diese unterschiedliche Rutenlänge beim Aussie ist eine genetische Besonderheit. Das Kupieren von Ruten oder Ohren ist in Deutschland nicht erlaubt!

Hinweis: für kupierte Hunde aus dem Ausland gilt in Deutschland ein Ausstellungsverbot.
Und für manche Länder besteht sogar ein Einreiseverbot!

Größe

Die bevorzugte Widerristhöhe ist für Rüden ist 51 - 58 cm und für Hündinnen 46 - 53 cm. Die Beurteilung der Größe schmälert die Qualität des Hundes nicht!

Farben

Folgenden Grundfarben gibt es bei den Aussies:
black (schwarz)
red (rot)
blue - merle (marmoriertes Schwarz mit grauer Grundfarbe)
red - merle (marmoriertes Rot / Braun mit hellroter / beige Grundfarbe)

Die Grundfarben können für sich alleine stehen oder mit weißen und / oder kupferfarbenen Abzeichen kombiniert werden. Dadurch ergeben sich mögliche Farbvarianten:
solid black (einfarbig)
solid red (einfarbig)
solid red - merle (einfarbig red - merle ohne Abzeichen)
solid blue - merle (einfarbig blue - merle ohne Abzeichen)

blue - merle
red - merle

black - tri (schwarz mit weißen und kupferfarbenen Abzeichen)
red - tri (rot mit weißen und kupferfarbenen Abzeichen)

black - bi (white, schwarz mit weißen Abzeichen)
black - bi (copper, schwarz mit kupferfarbenen Abzeichen)
red - bi (white, rot mit weißen Abzeichen)
red - bi (copper, rot mit kupferfarbenen Abzeichen)
blue - merle bi (mit weißen Abzeichen)

red - merle (white, blue - merle mit weißen Abzeichen)
red - merle (copper, red - merle mit kupferfarbenen Abzeichen)
red - merle (white / copper red - merle mit weißen und kupferfarbenen Abzeichen)

blue - merle (white, blue - merle mit weißen Abzeichen)

blue - merle (copper, blue - merle mit kupferfarbenen Abzeichen)
blue - merle (white / copper, blue - merle mit weißen und kupferfarbenen Abzeichen)

Bei allen Farben werden die Bereiche um die Augen und Ohren größtenteils von anderen Farben als weiß dominiert.

Hinweis: Der Ansatz des weißen Kragens darf nicht hinter dem Wiederrist liegen, egal bei welcher Farbvariante. Auch darf der Weißanteil des Kopfes nicht zu hoch sein.

Fehlfarben

White

Yellow

Zobelfarben

Dilute
So nennt man bei Aussies ein verwaschenes Schwarz bzw. heller als der Standard es vorschreibt. Die verblasste Farbe entsteht, wenn ein oder mehrer Pigmentfarben abschwächen.

Fehler der allgemeinen Erscheinung

Jede Abweichung von den vorstehenden Punkten wird als Fehler angesehen, wobei die Bewertung im genauem Verhältnis zum Grad der Abweichung steht.

Ausschließende Fehler:
Vor- und Rückbiss größer als 3 mm
Kontaktverlust durch kurze zentrale Schneidezähne, bei einem sonst korrektem Gebiss soll nicht als Vorbiss beurteilt werden

Weiße Flecken am Körper, zwischen Rute und Widerrist und / oder seitlich zwischen Ellenbogen und Hinterseite der Hinterläufe, des Aussies.

Unpigmentierte Nasen, sie werden auch Dudley Nose genannt.

Monorchismus
Das bedeutet, der Hund (Rüde) hat nur einen in den Hodensack abgesenkten Hoden.
Rüden müssen zwei normal entwickelte Hoden vorweisen, die sich vollständig im Hodensack befinden.

Kryptorchismus
Das bedeutet, der Hund (Rüde) hat keinen in den Hodensack abgesenkten Hoden.

Ektropium
Bedeutet beim Hund. Ein ausgerolltes Augenlied.

Entropium
Bedeutet beim Hund. Ein eingerolltes Augenlied.

Rassespezifische Erkrankungen

Beim Australian Shepherd tritt vereinzelt der MDR1 - Defekt auf, das bedeutet das eine Überempfindlichkeit gegenüber mehreren Arzneistoffen besteht.
Häufiger verbreitet sind allerdings Epilepsie, Katarakt, Hüftgelenks- und Ellenbogendysplasie (HD / ED), Autoimmunkrankheiten, Gebissfehler, Allergien, Schilddrüsen- und Herzprobleme.
Um das Risiko zu verringern sollte man alle Möglichkeiten nutzen die angeboten werden. Einige Vereine bieten frei zugängliche Listen an, in denen man die Untersuchungsergebnisse der einzelnen Hunde anschauen kann.

Eine weitere Möglichkeit ist das Pedigree bei der amerikanischen Genetikerin C. A. Sharp auf Risiken auswerten lassen. Grade einem angehenden Züchter wird diese Auswertung angeraten.
Wobei nicht vergessen werden darf, das ihr nur Ergebnisse vorliegen, die ihr zur Verfügung gestellt werden!

Jeder Interessent an einem Aussie sollte Wert auf eine komplette Hunde - Mappe mit Untersuchungsergebnissen der Eltern legen. Diese Mappe sollte generell folgende Untersuchungsergebnisse enthalten:
HD Untersuchung, ausgewertet von einem Fachtierarzt
Augenuntersuchung von einem Facharzt für Augenheilkunde, gültig immer für ein Jahr
Abstammungsunterlagen der Eltertiere und das MDR 1 Ergebnis

Sollten die Ergebnisse nicht vorliegen, solltet du Abstand von einem Kauf nehmen.

Diese Untersuchungen der Eltern schließen nicht 100 % aus, das der Welpe eine dieser Krankheiten bekommen kann. Aber sie mindern das Risiko.

Hier noch ein paar Krankheiten und was sie bedeuten

Collie Eye Anomalie / CEA

Es ist eine angeborene Krankheit, bei der es zu einer Netzhautablösung, Blutungen und Kolobombildung kommen kann. Diese Krankheit kann man bereits in einem Alten von 8 Wochen feststellen.

Katarakt

Es ist eine Linsentrübung, wie der graue Star und ist mit ca. 1 Jahr feststellbar.

Hüftgelenksdysplasie

Ist eine Fehlentwicklung des Hüftgelenks. Es ist erblich, doch falsche Ernährung und Haltung fördert diese Krankheit. Diese Krankheit, auch kurz HD genannt, kann soweit führen das das einsetzen einer künstlichen Hüfte notwendig wird. Da die Schmerzen so stark werden, das dein Hund sich nicht mehr bewegen kann.

Anschaffung

Wenn du dich dafür entschieden hast, das du einen Welpen in deine Familie holen möchtest, gibt es einiges zu beachten, damit ihr ein langes und unbeschwertes Leben zusammen führen könnt.
Die wichtigste Frage ist: Wo möchtest du ihn kaufen? Es gibt so viele gute aber auch schlechte Züchter, auch Vermehrer genannt! Bei dieser hohen Anzahl an Züchtern, den richtigen Züchter heraus zu finden, ist nicht einfach. Daher kann ich hier auch nur ein paar Tipps geben, doch am Ende entscheidet ganz alleine dein Bauchgefühlt!

Und bitte nicht an erster Stelle an deine Geldbörse denken, denn das würde am Ende doch nur dazu führen, das Tierarztkosten höher werden. Als der Anschaffungspreis!

Viele Züchter haben heutzutage eine Internetseite und präsentieren dort sich selbst und ihre Tiere, meist sind dort schon alle wichtigen Angaben gemacht, warum sie züchten, was ihre Tiere auszeichnet und welches Zuchtziel sie haben. Doch Internetseiten sind genau so geduldig wie Papier, daher lasse dich nicht davon täuschen das Jemand mehr Zeit und Geld in die Präsentation im Internet investiert als Andere.
In etlichen Zeitungen und Magazinen werden auch Aussies angeboten, schau dich um, geh auch auf Ausstellungen und sieh dir Tiere an. Wenn du Anzeigen oder Tiere gefunden hast, die dich interessieren, Ruf an und erkundige dich über die Eltertiere (ob die alle Untersuchungsergebnisse haben, die man machen sollte um Erbkrankheiten zu vermeiden, welche das sind erläutere ich im Abschnitt: Rassespezifische Erkrankungen).
Wenn die Welpen noch nicht geboren sind, ab welchen Alter man sie besuchen darf (das sollte erst um die 4 Woche herum sein), den Preis und das Wichtigste ob du unverbindlich vorbeischauen kannst um dir selbst ein Bild zu machen.

Zu dem Preis sollte vorweg gesagt werden, das es da große Unterschiede gibt. Jeder Züchter entscheidet für sich, welchen Preis er

nimmt, überleg vorher in welchem Bereich deine Ausgaben liegen sollen.
Ein guter Züchter wird dir genau erklären welche Untersuchungen und Impfungen der Welpe haben wird wenn er in sein neues Zuhause ziehen wird, üblich sind: Impfungen (Grundimmunisierung), Augenuntersuchung von einem Fachtierarzt, gechipt und mehrfach entwurmt.
Viele Züchter geben auch eine Mappe mit den Informationsunterlagen der Eltern mit (Untersuchungsergebnisse, Abstammung usw.) und ein Teil wie eine Decke oder Spielzeug, das nach der Mama riecht.

Bei einem Ausgewachsenen Aussies sieht es kaum anders aus, die Untersuchungsergebnisse sollten alle vorliegen, doch noch wichtiger ist es warum dieser Hund abgegeben wird. Sollte er als Zuchthund dienen und ist unbrauchbar? Verhaltensprobleme oder war dieser Hund doch nicht der Richtige für diese Familie? Grade bei älteren Hunden ist es wichtig, das man sich vorher klar macht, das es einige Verhaltensprobleme geben kann und das es schwieriger werden könnte. Ein älterer Hund hat sicher Vorteile einem Welpen gegenüber, wie Stubenrein sein. Doch genauso kann er auch einige „erlernte“ Unarten mit sich bringen.
Daher ist noch wichtiger darüber nach zu denken ob dieser Aussie wirklich der richtige ist, nicht das er noch durch weitere Hände gehen muss. Denn es gibt nichts schlimmeres für einen Aussie als seine Familie verlassen zu müssen, aus welchem Grund auch immer!

Show- oder Hütelinie?

Oft fragt man sich, was genau ist der Unterschied?
Das ist nicht leicht zu klären, denn wie bei vielen anderen Dingen kommt man auf keinen gemeinsamen Nenner und es wird nur darüber gestritten!
Fakt ist aber, das das Ziel einer Show – Zucht eine andere ist als bei einer Hütelinie, ob das Ergebnis dann auch das Ziel erreicht, ist eine andere Frage...
Bei den Show – Hunden wird nach dem Erscheinungsbild gezüchtet! Gezüchtet wird danach, was die besten Chancen auf einen Sieg hat und dem Standart der einzelnen Vereine am dichtesten kommt, auch sind sie vom Wesen mehr Familienhunde als Arbeitshunde. Auch wenn hier Welpen im Wurf sein werden, die eine Veranlagung zum hüten haben. Doch wird dieses Verhalten im Laufe seines Lebens nicht gefördert, wird es meist nicht bemerkt und verkümmert.

Bei den Hütelinien sieht es ganz anders aus, auf das Äußere wird nicht so sehr geachtet, hier geht es mehr um das was in dem Hund steckt. Die Fähigkeiten und der Instinkt zu hüten, ist bei den Elterntiere stark ausgeprägt und wird sich wahrscheinlich auch auf die Welpen übertragen, so das ein grossteil der Welpen auch als Arbeitshund am Schaf oder Rind eingesetzt werden kann.
Grade im Bereich Gesundheit wird bei er Hütelinie mehr Aufwand betrieben um zu gewährleisten das die Hunde lange mitarbeiten können und nicht aufgrund einer Krankheit ausfallen.
Die Hütelinien sind oft schlanker, wendiger und schneller als die Show – Hunde, auch haben sie weniger Fell und es wird mehr auf die Natürlichkeit geachtet, als darauf welche Farbe grade am beliebtesten ist.
Was sie aber nicht weniger schön macht als die Show – Linien. Es ist Geschmackssache und am Wichtigsten ist, welche Pläne man in der Zukunft für sich und seinen Hund hat. Ein Aussie aus einer Hütelinie kann unter Umständen ein wunderbarer Haus- und Familienhund werden, auch ohne die Arbeit am Tier. Genau so wie ein Show – Aussie wunderbare Arbeit an einer Herde Schafe leisten kann.

Um es kurz und knapp in meinen eigenen Worten zu sagen, Show- und Hütelinien werden nur künstlich vom Menschen erfunden, denn jeder Aussies ist ein wunderbarer Hund und kann durch Arbeit und Zielstrebigkeit mehr erreichen als wir es uns vorstellen können, unabhängig davon ob wir gerne möchten das er oder seine Nachkommen einen bestimmten Weg einschlagen...

Soll dein Aussie Papiere haben?

Viele Hundebesitzer sagen, das sie sowieso nicht ausstellen oder züchten möchten und daher keine Papiere haben wollen. In dem Augenblick ist das bestimmt auch so, doch wer weiß was in einem oder in 5 Jahren ist. Papiere sind nicht nur dazu da um an Veranstaltungen teil zu nehmen oder zu züchten. Sie sicher die Reinrassigkeit des Hundes. Es gibt viele Schwarze Schafe, die die Möglichkeit nutzen Mischlinge als Rassetiere anzubieten, ausschließen kann man es auch nicht 100 %ig mit Papieren ohne es durch einen Tierarzt testen zu lassen, (da gute Züchter ihre Tiere DNA untersuchen und registrieren lassen) aber man kann sich zumindest absichern und den Vermehrer somit nicht die Möglichkeit geben, Mischlinge als Rassetiere ohne Papiere zu verkaufen.
Ein Australian Shepherd der aus Deutschland kommt, hat wahrscheinlich die Papiere vom VDH oder ASCA, beim ASCA werden die Papiere in den USA beantragt und ausgestellt. Durch den langen Weg kann es dauern bis die Papiere bei dir ankommen, mach dir deswegen keine Gedanken. Vorab unterschreibst du aber schon einen Antrag für die Papiere, da deine Unterschrift in den USA hinterlegt wird, damit bei einem Umzug oder beim Verkauf des Hundes nur Du dazu in der Lage bist, durch deine Unterschrift Änderungen anzufordern.

Bei Papieren vom ASCA ist die Möglichkeit gegeben einen Co - Owner (Mitbesitzer) einzutragen. Wenn ein Co - Owner in den Papieren eingetragen ist, brauchst du bei jeder Änderung, Deckung (falls du einen Rüden hast) oder Wurfmeldung die Unterschrift des Co - Owner. Heißt, wenn der Co - Owner sich weigert seine Unterschrift zu leisten, kannst du dagegen nichts machen oder musst den rechtlichen Weg nutzen um zu dieser Unterschrift zu kommen. Im Normalfall sollte ein Co - Owner nur eingetragen werden, wenn der Hund beiden gehört und auch Jeder seinen Teil dazu beiträgt. Das sollte alles Vertraglich genau geregelt werden. Worauf ich hier nicht weiter eingehen möchte, da jeder für sich entscheiden sollte inwieweit er dieses Möglichkeit nutzen möchte und inwieweit es sinnvoll ist.

Hier ein paar Bedeutungen der Abkürzungen, in alphabetischer Reihenfolge, die beim ASCA für Ausstellungssiege vergeben werden. Die Abkürzung CH also Champion, kann auch am Namen des Hundes hinzugefügt werden, das man auf den ersten Blick sehen kann das dieser Hund bereits den Titel, Champion, errungen hat.

Abkürzung	**Bedeutung**
AOM	Award of Merit
BOB	Best of Breed
BOS	Best opposite Sex
BOW	Best of Winners
CH	Champion
RWB	Reserve winners Bitch
RWD	Reserve winners Dog
WB	Winners Bitch
WD	Winners Dog

Der Kaufvertrag

Der Vertrag sollte von einem Anwalt aufgesetzt werden, da es ein leidiges, aber dennoch wichtiges Thema ist! Immer wieder kommt es zu Streitigkeiten und Missverständnissen, weil eine Partei sich übers Ohr gehauen fühlt oder weil einfach etwas nicht genau beschrieben oder formuliert wurde.
Viele Verträge die selbst ausgearbeitet wurden, halten vor keinem Gericht der Welt stand, viele Fehler schleichen sich ein oder Passagen wiedersprechen sich in jedem Absatz aufs Neue.
Ein Kaufvertrag sollte alle Seiten absichern, sowohl Käufer als auch Verkäufer!

Wie z. B.
Der Welpe / Hund wird krank oder verstirbt durch eine Krankheit
Der Welpe / Hund hat eine Erbkrankheit
Der Welpe / Hund muss wieder abgegeben werden
Vorkaufsrecht
Sondervereinbarungen betreffend Deckungen oder Welpen aus der Nachzucht, des hier zu verkaufenden Welpen / Hund
Co - Owner, grade bei dieser Rasse gibt es viele Missverständnisse was dieses Thema betrifft
Vereinswechsel
Ausstellungen
NFB = nicht zur Zucht eingetragen bzw. zugelassen
Umschreibung von NFB zu FB = also den Hund z. B. nach vorgelegten Untersuchungsergebnissen zur Zuchthund eintragen lassen
Vorgeschriebene Untersuchungen um den Hund später einmal zur Zucht einzusetzen, grade bei Co - Owner Verträgen oder Sondervereinbarungen ist es wichtig es vorab zu regeln, da es mit Kosten verbunden ist, die nicht zu verachten sind.

Auch wenn der Kauf eines Hundes, für jeden Käufer etwas ganz Besonderes ist, vor dem Gesetzt hat man einen ganz normalen Kaufvertrag abgeschlossen, von Verkäufer (Händler) an Käufer (Privatperson), dadurch hat grade der Verkäufer die Pflicht den

Kaufgegenstand (Hund) ohne Makel zu übergeben und bei Krankheit oder bei Mängel für einen Ausgleich zu sorgen.

Wie genau das aussehen muss, sollte durch einen Individualvertrag genau festgehalten werden um Streitigkeiten zu umgehen, auch dem Hund zuliebe.
Auch wenn es Kostenintensiver ist als selbst einen Vertrag aufzusetzen, dieser Aufwand kann einem viele schlaflose Nächte ersparen, wie auch Zeit und Geld, das man im Nachhinein verlieren kann.

Ein Hund aus dem Ausland?

Grade bei den Aussies überlegen sich immer mehr Aussie - Liebhaber, einen Hund aus den USA zu holen. Aus züchterischer Sicht ist es sicher Sinnvoll, um eine andere Blut - Linie in die eigene Zucht zu bekommen usw., doch für Liebhaber an sich sollte es nicht von Interesse sein.
Wenn du dir doch überlegst, einen Aussie aus dem Ausland zu holen, musst du beachten das der Hunde mit einem Mikrochip gekennzeichnet sein muss und er darf erst einreisen, wenn ein Nachweis über eine wirksamen Tollwutschutzimpfung im Internationalen Impfpass vorhanden ist.
Die Impfung muss mindestens 30 Tage vor der Einreise und höchstens vor 12 Monaten erfolgt sein. Das Gesundheitszeugnis darf nicht älter als 3 Tage sein und es muss eine Bescheinigung vom zuständigen Veterinär beglaubigt werden.
Der Mikrochip muss der ISO - Norm 11784 oder 11785 (Stand Ende 2009) entsprechen, damit er bei der Einreise in Deutschland gelesen werden kann. Andernfalls ist ein entsprechendes Lesegerät mitzuführen.

Folgende Bescheinigungen müssen vor dem Abflug zusammen getragen werden Beispiel USA:
United States Interstate and International Certificate of Health Examination for small Animals
Dieses Formular bekommt man beim Tierarzt vor Ort (man muss / sollte dafür einen Termin vereinbaren, damit das Formular auch wirklich vorhanden ist und es braucht einige Zeit um es auszufüllen, da dort alle Angaben über Impfungen usw. gemacht werden.)
Veterinärbescheinigung für nicht gewerbliche Verbringungen von Heimtieren in die Europäische Gemeinschaft
(Verordnung (EG) Nr. 998 / 2003)

Wenn du alle Unterlagen zusammen hast, gehst du mit ihnen zum zuständigen Amts – Veterinär und dieser Stempelt sie ab und überprüft noch einmal ob alles Wichtige Formulare vorliegt und ob die Unterlagen den Bestimmungen entsprechen.

Wenn das der Fall war, musst du diese Unterlagen kopieren und die Kopien am besten in einer Mappe (das kein Formular verloren geht) an der Fly – Box befestigen. Das keine Originale verloren gehen und das die zuständigen Mitarbeiter am Flughafen ohne dein Beiseien überprüfen können, das alle wichtigen Untersuchungen gemacht wurden und das dieser Hund einreisen darf.

WICHTIG!
Doch vor jedem Kauf oder vor der Planung der Einreise des Hundes sollte Kontakt zum Amtstierarzt oder Zoll aufgenommen werden, da sich viele Bestimmungen ändern. Gerne werden dort die wichtigen Bestimmungen erläutert und Broschüren herausgegeben.

Denn wenn die Unterlagen nicht vollständig sind oder falsch ausgefüllt wurden, kann es passieren das der Hund zwar aus den USA ausreisen durfte, da die Bestimmungen dort anders sind, aber er nicht ohne Probleme in Deutschland einreisen darf!
Falls das der Fall sein sollte, kann es sein das dein Hund beim Deutschen Zoll bleiben muss, bis die fehlenden Unterlagen eingereicht werden oder die fehlenden Untersuchungen oder Impfungen gemacht wurden. Bei Fehlenden Impfungen muss dein Hund für bestimmte Zeiten in Quarantäne. Und erst nach Ablauf einer bestimmten Zeit darf er dann zu dir nach Hause. Für jeden Tag der Quarantäne wird ein Bestimmter Betrag fällig, was nach kurzer Zeit, zu einem Stattlichen Betrag heranwächst!
Darum, kümmere und informier dich frühzeitig, denn die Zeit in der Quarantäne ist für deinen Hund verwirrend und schrecklich...

Wie finde ich einen Aussie im Ausland?

Auch hier gibt es viele Möglichkeiten, das einfachste ist das Internet. Schau dir die Seiten an und überleg dir schon vorab warum du glaubst das genau aus dieser Zucht ein Aussie zu dir kommen sollte!
Wenn du den richtigen Züchter gefunden hast, schreib ihm oder ruf dort an (nicht die Zeitverschiebung vergessen!), oft gibt es auf den Seiten schon Fragebögen die man ausfüllen muss. Wenn du die Fragebögen ausfüllst oder selbst eine E - Mail sendest, sei nicht so schreibfaul. Jeder gute Züchter wird seinen Welpen nicht einfach aufgrund von einem Zweizeiler verkaufen! Das ist in anderen Ländern nicht anders als Hier. Erzähl ihnen wer du bist, warum du einen Aussie haben möchtest und erkläre auch genau was du für Pläne hast, natürlich kannst du auch gleich zu Begin der Kontaktaufnahme Fragen stellen die dich interessieren. Denn auch du solltest dich absichern, das diese Familie der Richtige Ort ist für deinen Welpen ist.
Auch hier sind die Preise unterschiedlich und können nicht verallgemeinert werden, vergiss nur nicht, das auch noch die Kosten für den Flug nach Deutschland auf dich zukommen werden.

Wichtig ist auch, nicht jede Fluggesellschaft transportiert auch lebende Tiere, erkundige dich, bevor du den Flug für dich buchst und vor allem, bei welchen Temperaturen Tiere mitgenommen werden. Oft werden Tiere nur zu bestimmten Jahreszeiten mitgenommen. Danach musst du dich wohl oder übel richten. Wobei es von Fluggesellschaft zu Fluggesellschaft große Unterschiede gibt.

Abholen oder schicken lassen?

Vorab musst du auch überlegen ob der Hund alleine reisen soll oder ob du einen Urlaub mit dem Abholen verbinden möchtest? Vielen Fluglinien ist es lieber wenn der Besitzer mit im Flugzeug ist, doch auch ohne Begleitung ist es möglich einen Hund aus dem Ausland zu bekommen. In einigen Ländern gibt es auch Firmen die den Hund die ganze Zeit begleiten und alle Formulare und Anträge ausfüllen, bis der Hund beim Besitzer angekommen ist. Es ist alles nur eine Kostenfrage! Doch am Einfachsten ist es wenn du hinfliegst und ihn abholst. Überraschenderweise ist es günstiger, wenn du mit deinem Hund zusammen fliegst, als wenn der Hund alleine reist. Natürlich muss man dabei günstige Flüge abpassen, doch so hast du die Möglichkeit, das Land deines neuen Hundes kennen zu lernen. Und erfährst gleichzeitig noch mehr über den Züchter und die Zuchttiere bzw. die Eltern deines Hundes.

Egal wie der Hund zu dir kommen soll, frühzeitige Planung verhindert das der Hund am Zoll festsitzt oder gar nicht mitfliegen darf. Erkundige dich früh genug welche Linien Hunde transportieren und welche Erfahrungsberichte es darüber gibt! Denn auch dein Hund sollte bequem und ohne Stress, in sein neues Leben reisen.

Transportiert wird ein Hund in einer Fly - Box, diese Boxen gibt es in verschiedenen Größen und muss der Größe des Hundes angepasst werden, heißt sie Box darf niemals zu klein sein für den Hund, ansonsten kann es sein das der Hund in dieser Box nicht mitfliegen darf. Vorab bitte beim Zuständigen Veterinäramt informieren welche Größen zur Zeit vorgeschrieben wird.
Wichtig ist, das der Hund ohne Probleme aufrecht in der Box stehen kann, sich drehen und hinlegen kann.
Die Fly – Box muss an ALLEN Seiten Luftschlitze haben, da es passieren kann, das an einer Seite der Box Koffer stehen und somit eine Seite „ausfällt".
Denn die Hunde reisen beim Gepäck mit, nur in Ausnahmefällen dürfen kleine Hunde und Welpen im Passagierraum mitfliegen. Doch

da ein Aussie erst nach 4 Monaten reisen darf, wegen der Impfungen, ist er schon zu groß um diese Erlaubnis zu bekommen.

Einige Fly – Boxen haben Rollen, diese müssen abmontiert werden. Da es sonst zu gefährlich ist und die Box nicht sicher befestigt werden kann. Diese Rollen müssen von dir selbst abgemacht werden, die Mitarbeiter des Flughafens werden nichts an deiner Box ändern!

Hier noch ein paar Hinweise, wie du die Box vor der Abreise vorbereitest

Lege die Box mit saugfähigem Material aus, es gibt im Fachmarkt extra Material (wie Windeln). Klebe diese Matten auf dem Boden fest und lege eine Decke darüber, damit dein Hund es bequem hat auf der Langen Reise.

In der Box muss es zwei Näpfe geben (es gibt sie extra für Fly – Boxen, sie werden am Gitter festgemacht) einen für Futter (lehr) und einen für Wasser. Stell den Napf für das Wasser über Nacht ins Gefrierfach. So geht das Wasser nicht beim Verladen verloren und es taut nach und nach auf, so hat dein Hund mehr vom Wasser.
Eine Ration Futter solltest du an der Box befestigen (oben drauf), einige Fluggesellschaften schreiben es vor, damit bei einer Verzögerung oder einem Zwischenfall die Möglichkeit besteht, das die Mitarbeiter der Fluglinie deinen Hund füttern können.
Auch eine Leine solltest du oben auf die Fly – Box kleben (nicht an die Seite, sonst kann es passieren das sie angefressen wird vor Langeweile), damit, falls man die Fly – Box öffnen muss, eine Leine für deinen Hund vorhanden ist.
Aus Sicherheitstechnischen Gründen wird die Fly – Box nur in Notfällen geöffnet!

Um eine persönliche Bindung von deinem Hund zum Flughafenmitarbeiter aufzubauen, ist es immer gut einen Zettel an der Fly – Box zu befestigen auf dem Informationen über deinen Hund stehen (Name, Alter usw.) und das er oder sie aufgeregt und ängstlich ist, das darum gebeten wird sich gut um ihn oder sie zu kümmern. Damit haben ich gute Erfahrungen gemacht, da sie deinen Hund dann mit Namen ansprechen können und es auch machen!

Um deinem Hund die Reise so gut wie möglich zu gestalten, solltest du 12 Stunden vor Abflug das letzte Mal füttern. Selbst wenn es einen Zwischenstopp gibt bei der Reise, meistens wird der Hund nicht wieder seinem Besitzer übergeben, sondern in einem dafür vorgesehenen Tierbereich gebracht, damit der Hund dort in Ruhe den

Zwischenstopp verbringen kann und erst kurz vor Abflug wieder im Flugzeug verladen wird.
Hier ist auch wichtig, das du darauf bestehst, das du eine Nachricht bekommst, ob dein Hund wirklich im Flugzeug ist. Hier musst du oft energischer vorgehen. Denn es wäre nicht das erste Mal das ein Hund auf einem Flughafen vergessen wurde. Und ihn dann wieder zu bekommen, ist sehr anstrengend und vor allem ein schlimmes Erlebnis für deinen Hund!

Versuch einen Flug ohne Stopp zu bekommen, das erspart deinem Hund eine lange Wartezeit und viel Zeit in der Box. Denn er weiß nicht das es in ein neues, tolles zu Hause geht. Für ihn ist es nur eine ungewohnte, laute und schreckliche Umgebung in einer Fly – Box mit Menschen die er nicht kennt.

Halter des Hundes

Die gesetzliche Bezeichnung des Hundehalters existiert im weitesten Sinne nicht, nach der Rechtssprechung ist der Hundehalter, der an der Haltung des Hundes ein Interesse hat, aber nicht nur vorübergehend besitzt, dem die tatsächliche Herrschaft über den Hund zusteht und über die Betreuung und die Existenz des Hundes entscheidet. Also auch für den Unterhalt und zu Hause des Hundes sorgt.
Der Halter muss den Hund aber nicht zu Gesicht bekommen, z. B. wenn der Hund dem Staat gehört und er ein Polizeihund ist.
Hundehalter können mehrere natürliche Personen oder juristische Personen sein, wie ein Verein zum Beispiel.
Also muss der Hundehalt nicht gleich Eigentümer oder Besitzer des Hundes sein, wenn du also einige Monate im Ausland bis und jemand Anderes übernimmt die Pflichten und die volle Verantwortung für das Tun und Handeln deines Hundes, ist diese Person für diese Zeit der Hundehalter.

Besitzer des Hundes

Der Besitzer des Hundes hat die tatsächliche Verfügungsgewalt über den Hund. Bildlich gesprochen, er könnte sich auf den Gegenstand draufsetzen.
Er muss aber nicht identisch mit dem Eigentümer des Hundes sein.

Der Eigentümer des Hundes

Der Eigentümer hat das umfassende Recht an einer Sache. Er darf nach Lust und Laune mit seinem Eigentum verfahren und Andere von jeder Einwirkung ausschließen. Außer es gibt noch Rechte Dritter oder Gesetz stehen dagegen .

Mein Aussie war dabei

Wenn du deinen Traum - Aussie gefunden hast, ist jetzt der Augenblick gekommen wo du dir überlegen musst wo er überall hin darf im Haus und was du dort noch alles wegräumen und absichern musst. Ein Aussie ist wie ein kleines Kind, es muss alles angeknabbert und erforscht werden und wirklich kein Weg ist zu weit oder Tisch zu hoch um das zu bekommen was er möchte.
Wenn er ankommt, wird alles fremd und gruselig sein und wenn er Langeweile hat, weil er nicht schlafen kann, kann es passieren das er einen Schuh als Kaustange benutzt, ein Stuhlbein mit einem Stöckchen verwechselt und auf ein Malheur in der Nacht solltest du dich auch schon einstellen.
Bevor dein Aussie abgeholt wird, solltest du schon alles vorbereitet haben, damit er sofort und ohne Stress einziehen kann. Sein Platz sollte fertig eingerichtet sein, ein bisschen Spielzeug bereit liegen, damit er sich alles in Ruhe anschauen und erforschen kann.

Dinge die du brauchst, wenn dein Aussie einzieht

Ein Körbchen, schon in der Größe das er als Erwachsener Hund darin schlafen kann.
Wasser – und Futternapf, aus Metall sind sie am besten zu reinigen.
Das richtige Welpenfutter, dein Züchter wird dir sagen welche Sorte er genutzt hat.
Ein Welpenspielzeug, erkundige dich im Laden was geeignet ist für einen Welpen.
Leine mit Halsband, bei Welpen nimmt man oft ein Geschirr.
Eine Zeckenzange, die gibt es in jedem Tierfachgeschäft oder beim Tierarzt.
Eine Bürste, gewöhn ihn gleich (spielerisch und mit vielen Leckerlies) von Anfang an ans bürsten, das erleichtert dir hinterher einmal Kletten oder Dreck heraus zu bekommen aus dem Fell.
Feuchttücher um kleine Unfälle zu beseitigen.

Das ist nur schon einmal das Wichtigste, alles andere wird nach und nach von alleine dazu kommen. Im Laufe der Zeit wird dein Garten aussehen, als wenn du einen Kindergarten betreust und auch dein Haus wird sehr Aussielastig aussehen, wenn er erst einmal da ist.

Fly – Boxen

Grade bei Welpen sind sie sehr beliebt, sie sind wie Höhlen und ihr eigenes kleines Reich. Wenn man sie mit Decken auslegt und du sie deinem Welpen immer wieder schmackhaft machst, wird er dort Nachts gerne drin schlafen. Wenn du für kurze Zeit eine Aussie – Freie Zone brauchst, kannst du auch die Tür schließen und du kannst dir sicher sein, das dein Aussie – Baby sicher ist.
Doch verwechsele die Fly – Box mit einer Dauerlösung, sie ist nur für kurze Zeiten gedacht und nicht um deinen Aussie los zu werden oder einzusperren!

Futter

Beim Futter scheiden sich die Geister, einige schwören auf Trockenfutter, andere auf Feuchtfutter und immer mehr wird zum Barf (Rohfutter) tendiert.

Dadurch das die Futterhersteller größtenteils nur noch hochwertiges Futter herstellen, egal ob Feucht- oder Trockenfutter, ist es einfach Geschmackssache. Sowohl von Hund als auch Mensch.
Falls du dich für eine reine Trockenfutter Fütterung entscheiden solltest, musst du darauf achten das dein Hund genug trinkt. Wasser sollte generell immer frei zugänglich zur Verfügung stehen. Du kannst auch eine Mischung aus Trocken- und Feuchtfutter anbieten.

Rohfutter ist nicht für Jeden geeignet und über diese Art von Fütterung musst Du dich vorab auch genau erkundigen, da es bei falscher Fütterung zur Unterversorgung wichtiger Mineralien kommen kann.

Bei der Menge des Futters musst du auf den einzelnen Produkten nachschauen, auf den Außenseiten sind die Maßeinheiten nach Gewicht des Hundes angegeben.
Bei Welpen ist es ratsam an die 4 Mahlzeiten am Tag zu füttern, wenn dein Hund älter wird, kannst du es auf zwei oder drei Fütterungen aufteilen.

Der Tag an dem mein Aussie einzog

Jetzt ist der Tag gekommen und dein kleiner Schatz wird abgeholt, zum Abholen sollte man mindestens zu zweit sein, damit Einer sich die ganze Zeit um den Welpen kümmern kann. Es ist alles fremd, riecht anders, hört sich anders an und das schlimmste, die Mama ist nicht mehr da! Jeder Welpe ist anders, der eine weint und dem anderen fällt es vor Neugier gar nicht auf das seine Geschwister und die Mama nicht mehr da sind. Stell dich darauf ein, doch verzweifle nicht, in ein paar Tagen hat er sich eingewöhnt und alles ist vergessen.
Auch wenn sich alle Freunde und Verwanden auf den kleinen Schatz freuen, lass ihm ein paar Tage um sich einzuleben, danach ist immer noch genug Zeit das alle ihn kennen lernen können! Der Einzug des Welpen sollte in eine Zeit fallen in der mindestens ein Familienmitglied frei hat um sich um den Welpen zu kümmern. Grade um ihn stubenrein zu bekommen ist das vorteilhaft!
Wie man einen Hund stubenrein bekommt, darum ranken viele Gerüchte, doch das Wichtigste:
er wird NICHT mit der Nase reingetunkt wenn ein Missgeschick passiert.
Es ist recht einfach im zu vermitteln das es negativ ist wenn er ins Haus macht. Wenn es passiert, sagst du mit TIEFER Stimme das Negativ – Wort das du nutzen möchtest um ihm auch später verständlich zu machen das er einen Fehler gemacht hat. Und setzen ihn dann raus. Generell solltest du darauf achten, nach welcher Zeit (nach dem Trinken und Esser) er das Bedürfnis hat, nach Draußen zu kommen. Oft müssen Welpen 2 Stunden nach der Mahlzeit nach draußen, das solltest du alles mit in den Tagesablauf einplanen.
Nach dem Schlafen sollte er auch gleich nach Draußen gebracht werden und lob ihn, wenn er Draußen sein Geschäft macht, damit er versteht das es etwas Gutes ist und freut sich über sein Erfolgserlebnis.

Noch ein paar, hoffentlich hilfreiche Tipps

Einen Welpen nie zu lange alleine lassen, nach und nach die Zeiten, die er alleine verbringen muss, steigern.
Dabei darfst du nicht vergessen, bemitleide ihn nicht. Er muss es lernen und so würdest du aus ihm einen ängstlichen Aussie machen, da du ihm bestätigst das man mit weinen Aufmerksamkeit und Lob bekommt.

Es ist vor allem Wichtig das du konsequent bleibst, Dinge die er als Welpe darf, darf er auch wenn er erwachsen ist. Das darfst du nie vergessen. Wie soll er wissen das er nur bis zu seinem 6ten Lebensmonat aufs Sofa darf und dann plötzlich nicht mehr?

Mit positiver Motivation kommst du weiter als mit Strafen, wenn er gut mitarbeitet, wird er belohnt. Mit Leckerlies und mit Sprache. Unerwünschtes wird konsequent ignoriert!

Falls dein Aussie doch etwas tut, das absolut tabu ist, tadle ihn sofort! Nach ein paar Minuten ist es schon zu spät, dann weiß er nicht mehr wofür diese Strafe war und es schleichen sich Missverständnisse und Fehler ein.

Ein Aussie, auch schon als Welpe, muss im richtigen Umfang gefördert und gefordert werden. Ein Aussie braucht das Gefühl „nützlich" für sein Herrchen / Frauchen / seine Familie zu sein. Er will etwas erleben und tun, dabei musst du ihn jeden Tag aufs Neue unterstützen. Denn wenn er anfängt, sich zu langweilen, kann es schnell zu Unarten kommen.

Dinge die du schon von Welpenalter an üben musst

Ein Hund muss immer mal wieder zum Tierarzt oder er geht auf Ausstellungen, darum ist es sehr wichtig, das du übst sich von Anderen, also nicht nur von dir, überall anfassen zu lassen.
Auch das ins Maul schauen und in die Augen und Ohren sollte geübt werden.
Selbst wenn es zu Anfang anstrengend ist, wenn dein Aussie verstanden hat, das es beim ruhig stehen bleiben eine Belohnung gibt, lässt er es sich nach einer Zeit gerne gefallen.

Bei neuen Übungen, die Übungseinheiten immer kurz halten. Nicht länger als 5 – 10 Minuten das Selbe versuchen. Dabei könnte es passieren, das dein Aussie die Lust verliert und einfach auf Durchzug stellt. Und dann klappt gar nichts mehr für diesen Tag.

Und egal was du übst oder ihm vermitteln möchtest, beende JEDE Übung mit einem Erfolgserlebnis. Das gibt deinem Aussie ein gutes Gefühl und beim nächsten Mal ist er wieder voll dabei und motiviert.

Gefahrenquellen die du vielleicht noch nicht bedacht hast

Ein Aussie – Welpe wird alles erkunden und probieren wollen, selbst wenn du alles versuchst, er wird dir das eine oder andere mal entwischen. Oder in der einen Sekunde hat er noch lieb geschlafen, in der nächsten hat er schon alle Blumen von der Erde befreit und die Erde erfolgreich im Teppich verrieben.
Darum achte auf:
Stromkabel.
Treppen Welpensicher machen.
Putzmittel Welpensicher wegräumen.
Medikamente wegräumen.
Giftpflanzen, am besten verschenken (wegen fallender Blätter).
Insektenvernichtungsmittel wegräumen, tote Fliegen z. B. könnten gefressen werden und haben das Gift an und in sich.
Kleinkram, wie Kleingeld usw. einsammeln und wegräumen.
Wenn ihr einen Pool habt, absichern mit einem Hundesicheren Zaun, auch erwachsene Hunde sollten keinen freien Zugang dazu haben!
Fenster nie offen stehen lassen.

Und ganz wichtig, Türen immer geschlossen lassen und ab HEUTE IMMER nachschauen ob nicht ein Hund in der Tür sitzt, bevor du sie zumachst.

Spielen

Zu Beginn sollten immer nur kurze Spieleinheiten gemacht werden, du fängst das Spiel an und beendest es auch. Das ist für die Entwicklung wichtig, du bis der Rudelführer, daher bestimmst du was getan wird und was nicht. Am Anfang wird er nicht jedes Spiel von Beginn an verstehen, das er den Ball zurück bringen soll wird er nicht gleich verstehen. Tausch mit ihm, wenn er dir den Ball gibt, gib ihm ein Leckerchen (nur ein sehr kleines Stück) und lob ihn. Auch dafür musst du dir ein Wort überlegen, am besten nimmst du Worte die du selbst nicht so oft nutzt. Auch wenn es merkwürdig ist am Anfang, doch wie oft benutzt du das Wort: gib? Zu oft, als das dein Hund unterscheiden kann, das du ihn oder Jemand anders meinst. Gerne kannst du auch englische Worte nehmen, da sie sonst wahrscheinlich nicht so oft von dir im normalen Lebensablauf verwendet werden.

Treppen

Deinen Welpen solltest du die ersten 6 Monate Treppen hoch - und runtertragen, um seine Gelenke zu schonen. Ab und an eine vereinzelte Stufe schadet ihm nicht, aber übertreiben sollte man es auch nicht, er wird es dir im Alter danken.
Rumspringen und Toben ist etwas anderes, der Ablauf der Bewegung ändert sich, die Gelenke sind nicht so doll belastet. Darüber musst du dir keine Gedanken machen, alles was er von alleine macht ist nicht schlimm und wird auch keine Folgen haben.

Zähne

Wenn dein Welpe bei dir einzieht, hat er seine Milchzähne, im Alter von ca. 6 Monaten bekommt er seine bleibenden Zähne. In dieser Zeit solltest du ihm viele Kaumöglichkeiten geben. Im Fachhandel gibt es extra für diese Entwicklung Kauspielzeug, diese vereinfachen den Zahnwechsel. Dein Aussie wird ein Scherengebiss mit 42 Zähnen bekommen.
Viele der Zähne die ausfallen wirst du nicht zu Gesicht bekommen, da dein Aussie nicht ganz fair ist, auch wenn du die Zähne gerne sammeln möchtest und schluckt sie einfach mit runter. Es passiert nur sehr selten das man das Glück hat und einen oder mehrer Zähne bekommt.

Der Junghund

Jetzt ist dein Hund in der Pubertät, das ist nicht immer schön. Oft hört er dich, er hört aber nicht zu. Er vergisst Dinge die er schon seit Monaten aus dem FF kann, denn alles Andere ist spannender und interessanter. Nicht die Ruhe verlieren, genau wie bei Menschen legt es sich und ist bei Jedem mal schlimmer und mal besser. Es ist nur ein Phase und schnell wieder vergessen.
Vom Körperbau wird dir oft auffallen das er nicht ganz zusammen passt, mal sind die Beine viel zu lang, mal ist er Vorne oder Hinten höher als er sollte. Doch mit der Zeit wird es sich legen und du hast einen wunderschönen, gut erzogenen und hörenden Aussie, um den dich alle beneiden.
Zwischen dem 8 und 13 Monat wird dein Aussie geschlechtsreif, danach wird er sich stark verändern in seiner Entwicklung, sein Köpf wird kräftiger und auch sein Gebäude geht in die Breite und wird muskulöser. Eine Hündin muss aber nicht unbedingt mit dem 8 oder 13 Monat eine Blutung bekommen, es gibt auch Hündinnen die erst nach dem 20 Monat eine Blutung hatten, jede Entwicklung verläuft anders und hält sich an keine Vorschriften.

Der Erwachsene Hund

Erwachsen ist dein Aussie mit 2 – 2 ½ Jahren, er ist ein Spätentwickler und braucht ein bisschen mehr Zeit als andere Rassen, um ganz ausgewachsen zu sein. Wenn dein Aussie älter ist als 24 Monate kannst du mit den tierärztlichen Untersuchungen beginnen, um festzustellen ob er auch gesund ist.
Die Untersuchungen und Auswertungen sollten nur von anerkannten Speziallisten gemacht werden, das soll auf keinen Fall die anderen Ärzte schlecht machen, aber es ist von Vorteil wenn die Auswertungen von Ärzten gemacht werden, die sich auf diese Rasse oder auf die Art der Untersuchung und Auswertung spezialisiert haben.
Grade wenn man in den Bereich Zucht oder Leistungssport gehen möchte, ist es wichtig sicher zu stellen das dieses Tier kerngesund ist und das es auch im Laufe seine Lebens keine Probleme aufgrund von Erbkrankheiten gibt.
Wenn du in einem Verband oder Verein bist, kann es auch sein, das dein Aussie bevor er in die Liste der Zuchttiere bzw. eine Zuchtzulassung bekommt, vorgeschrieben bekommt welche Untersuchungen vorgelegt werden müssen. Das ist eine sehr gute Einrichtung, da auf diese Art und Weise keine Vorbelasteten Tiere in die Zucht geraten können.
Auch wird bei einigen Verbänden verlangt, das eine bestimmt Anzahl von Ausstellungen besucht werden und mit einem Vorzüglich oder Gut als Ergebnis bestanden werden muss. Das soll bewirken, das nur Hunde ohne Mängel in die Zucht gehen. Viele Stimmen werden dabei laut und sagen das es Geschmacksache ist, welcher Hund von der Optik dem entspricht was gefordert wird, doch um dem Vorzubeugen gibt es den Rassestandart, so das man zwar über die Sieger der Veranstaltung streiten könnte, doch die Hunde die ausgeschlossen oder nicht für Zuchtgeeignet bewertet werden, fallen nur aufgrund von vorgegeben Merkmalen heraus und nicht aufgrund der Vorlieben des Richters!
Eine Hündin sollte erst nach der VOLLÄNDUNG des 2 Lebensjahr belegt werden, ehr später. Denn erst danach ist die Entwicklung abgeschlossen und sie ist bereit für die Welpen. Bei jüngeren Hündinnen kommt es oft zu Problemen wie Frühgeburten oder das sie

sich nicht um ihre Welpen kümmern und die Welpen mit der Flasche großgezogen werden müssen. Daher muss man ihr die Zeit geben die sie braucht. Auch wenn es die menschliche Planung durcheinander bringt, es geht um den Hund und nicht um uns!

Trainings - und Erziehungsmethoden

Bei diesem Thema häufen sich in den letzen Jahren die Diskussionen über die richtigen Methoden. Dabei geht es nur darum in der heutigen Zeit die brutalen und tierquälirischen Züchtigungsmethoden von Früher, zum Verständnis, Verhalten und Bedürfnis der Hunde, die Erziehung mit positiven Ansätzen, also mit Spaß, umzuwandeln. In der heutigen Zeit muss ein Hund nicht malträtiert werden, es geht auch mit Geduld, gewaltlos und vor allem mit Spaß.
Es gibt in diesem Sinne kein Patentrezept, welche Methode für diesen oder diesen Hund das Richtige es, es ist eine Kombination aus Mensch - und Hund – Team, sie muss individuell auf das Team zugeschnitten sein und die Bindung stärken, den Gehorsam erweitern und die Zufriedenheit bei beiden Parteien bewirken. Nur dann kann Leistung und Erfolg erbracht werden ohne das Zwang auf den Hund ausgeübt wird.

Es geht nicht um die Methode an sich, sondern um die Erfahrung und den Ergeiz den man mitbringt. Du musst Geduld haben und such den Fehler, wenn etwas nicht klappt nicht immer bei deinem Hund, oft waren deine Hilfestellungen nicht deutlich genug und er hat nur das ausgeführt was du ihm befohlen hast.

Grade bei Welpen und Junghunden ist es wichtig eine Übungseinheit damit zu beginnen, was er kann und das er Erfolg hat! Dann ist er motiviert und lernt gerne weiter, neue Übungen dürfen nicht einfach abgebrochen werden, nur weil sie bei den ersten 2 Versuchen nicht geklappt haben, bleib dran und wachse mit deinem Hund. Wichtig ist es auch, das du jede Übung mit einem positiven Erlebnis beendest, er will dir gefallen und eine negative Erfahrung ist nicht gut für seine Entwicklung und sein Selbstbewusstsein.
Die Übungseinheiten dürfen auch nicht zu lang sein, zu Beginn immer nur 5 – 10 Min., nicht das die Konzentration nachlässt und die Übung nebensächlich wird. Überfordere deinen Hund aber nicht, beobachte ihn bei den Übungen und pass dich ihm an, sonst kann dein Hund überfordert werden das schnell in Aggression und Zerstörung

umschlägt. Lieber mehrere Einheiten am Tag und dein Hund wird glücklich und zufrieden sein. Und du auch!

Ein paar Trainings- und Erziehungsmethoden sind

Klicker
Erziehung ohne Sprache
Erziehung über Sprache
Tellington Touch
Pfeife
usw.

Es gibt mittlerweile so viele verschiedene Methoden das es ein ganzes Buch füllen würde sie nur kurz zu beschreiben. Hundeschulen bieten unterschiedliche Kurse an, nehmt einfach an unterschiedlichen Schnupperstunden teil und entscheidet dann was für euch das Beste ist. Nur sei dann auch konsequent und ändere die Methode nicht immer wieder, wenn du mit einer angefangen hast, wird es immer schwieriger deinen Hund auf eine andere Methode umzustellen.

Hundeschule

In der Entwicklung ist der Besuch der Hundeschule sehr wichtig, hier lernt er sich mit anderen Hunden und anderen Menschen zu verstehen und lernt auch spielerisch eine Rangordnung festzulegen.
Zu Beginn gibt es die Welpenstunde, in der steht das Spielen und toben an erster Stelle und alles Andere im Hintergrund. Zwar werden hier auch ein paar Übungen, wie sitz, platz und komm erlernt aber nur nebenbei. Sich lange zu konzentrieren fällt noch schwer und damit es nicht negativ verläuft, muss man darauf achten das nicht zu viel verlangt wird.
Dann folgt die Gruppe der Junghunde, hier wird es anspruchsvoller. Hier muss angefangen werden Befehle zu erlernen und auszuführen. Auch das spielen in der Gruppe wird weniger, wird aber auf keinen Fall abgeschafft. Auch im hohen Alter muss der Hund die Möglichkeit haben mit Artgenossen zu spielen.
Wenn dein Hund über 1 Jahr ist, kannst du dir überlegen ob du Sportarten mit ihm betreiben möchtest. Es gibt eine große Bandbreite an Möglichkeiten. Einige werde ich hier auch vorstellen, um eine grobe Übersicht der Möglichkeiten weiterzugeben.
Bevor du dich für eine Sportart entscheidest, muss geklärt werden ob dein Hund gesundheitlich dazu in der Lage ist, dabei sollte man nicht nur an HD denken, sonder auch Stoffwechselerkrankungen und Übergewicht berücksichtigen.

Agility

Agility ist für kleine und große Hunderassen geeignet, da es drei Größen - Klassen gibt:
für kleine-, mittlere- und groß - Rassen, dadurch ist gewährleistet, dass ein Dackel nicht gegen einen Schäferhund antreten muss. Auch die Hindernisse werden den Größen der Hunde angepasst. Auch für ältere Hunde ist es möglich beim Agility mitzumachen. Denn für ältere Hunde werden die Hindernisse dem Alter entsprechend angepasst, damit auch Hunde im hohen Alter noch sportlich gefordert werden können. Und genauso wie die jungen Hüpfer Spaß am Sport haben können.

Was genau ist Agility?

Es ist ein Hundesport, bei dem wie beim Springreiten der Hund, einen Parcours überwinden muss. Der Parcours darf vorher mit dem Hund nicht abgegangen werden! In den Parcours gibt es: Sprüngen, Wippe, Tunneln, Schrägwand und Slalom.
Der Parcours muss in einer bestimmten Zeit überwunden werden.
Der Hundeführer darf seinem Hund mit Körpersprache und Hörzeichen helfen, doch den Hund anfassen oder die Hindernisse berühren darf er nicht. Bei einem Stangenabwurf oder einer Verweigerungen erhält das Team Strafpunkte, ebenfalls bei der Überschreitung der vorgegebenen Zeit.
Es ist ein schneller Sport und fordert sowohl von Mensch als auch Tier eine hohe Konzentrationsfähigkeit, Schnelligkeit und Kontrolle.

Obedience

Obedience heißt nichts anderes als Gehorsam, daher nennt man es auch: Die hohe Schule der Unterordnung. Allerdings ist Obedience viel umfangreicher als die normale Gehorsamsübungen. Wie Bei – Fuß - Gehen, Sitz, Platz aus der Bewegung, Bleib, Abrufen usw. Hinzu kommen Elemente wie: Apportieren / auch von Metall, Suchen von Gegenständen / Eigenidentifikation, Positionswechsel auf Distanz / Sitz – Platz - Steh, Vorausschicken in eine Box / Quadrat aus 4 Pylonen, Wesensfestigkeit, vor allem gegenüber anderen Hunden, Ablage / alle Hunde werden gleichzeitig abgelegt, uvm.
Bei der Obedience - Prüfung wird alles auf Anweisung des Ringstewards gemacht. Dieser legt auch gemeinsam mit dem Richter das Laufschema für die Leinenführigkeit und Freifolge fest. Man erfährt erst während der Prüfung, wie man laufen muss. Es gibt 4 Prüfungsstufen im Obedience, damit man sich nicht als Anfänger mit den erfahrenen Teilnehmern messen muss und auch als Anfänger Spaß daran hat. Folgende Gruppeneinteilungen gibt es: Beginner - Klasse, Klasse 1, Klasse 2 und Klasse 3.
Beim Obedience geht es um Präzision, Harmonie, Eleganz und eine fließende Vorführung der einzelnen Übungen. Und wichtig ist auch hier, das du deinem Hund alles ohne Zwang beibringst!

Breitensport, Turnierhundsport

Breitensport führt sportliche Menschen mit Hunde zur körperlichen Betätigung heran. Wie im klassischen Vierkampf gibt es:
Hindernisläufe, bei denen der Hund bei Fuß Hürden, Tunnel, Laufsteg, Tonne, Reifen und Weitsprung überwinden muss.
Hürdenläufe die vom Hund parallel zu Herrchen / Frauchen übersprungen werden müssen.
Eine Hindernisbahn muss nur der Hund überwinden, der Mensch darf auf ebenem Boden die 75 - Meter - Strecke neben herlaufen.
Beim Slalomlauf geht es mit dem Hund bei Fuß durch mehrere Stangentore und ganz Sportliche nehmen auch noch am Geländelauf über 2 bzw. 5 km teil.
Gestartet wird je nach Alter des Hundeführers und Größe des Hundes in verschiedenen Klassen, bewertet wird nach Geschwindigkeit und Fehlerfreiheit.
Das erlaubte Startalter auf Turnieren liegt für die Hunde bei 15 Monaten. Da dieser Sport sehr anstrengend ist und daher die Hunde in einem jüngeren Alter einfach überfordert wären.

Dogdancing heißt auf gut deutsch: tanzen mit dem Hund

Beim Dogdance erarbeitet man mit seinem Teampartner Hund, eine Choreographie, die möglichst eine perfekte Fußarbeit beinhaltet als auch verschiedene Tricks.
Der Mensch sollte sich zu der Musik in rhythmischer Gangart bewegen, ein passendes Kostüm (zum Thema der Musik) zur jeweiligen Musikart ist natürlich noch besser.
Dogdance ist generell für jeden Hund geeignet, egal ob groß oder klein, alt oder jung und auch die Rasse spielt keine Rolle! Jeder Hund hat seine speziellen Vorzüge und Eigenschaften, mit denen man eine ganz individuelle Choreographie erarbeiten kann. Der eine Hund dreht sich gerne, der andere springt gerne, alle diese Bewegungen kann man mit einbauen, so das Mensch und Hund sehr viel Spaß daran haben können.

Disc Dogs - Zauber der Scheibe oder auch Hunde – Frisbee

Durch seine unterschiedlichen Varianten ist Hundefrisbee für jeden gesunden Hund, eine tolle und abwechslungsreiche Beschäftigung. Wenn dein Hund gerne mit einer Frisbee – Scheibe spielt, ist das genau der richtige Sport. Angefangen beim einfachen Werfen der Scheibe bis hin zu verschiedenen Tricks kann man den Sport individuell betreiben. Je nach Können des Hundes und des Besitzers, kann man verschiedene Würfe und Körpertricks miteinander kombinieren. Beim Disc - Dog kommt es auf die Zusammenarbeit von Tier und Mensch an. Beide müssen deshalb für diesen Sport trainieren, denn ist dein Hund noch so begabt, sein ganzes Können kann er nur dann unter Beweis stellen, wenn du die Frisbee - Scheibe richtig wirfst und das Team in Einklang ist.

Hinweis:
Verwendet werden spezielle Wurfscheiben, die den Hund nicht verletzen können.

Sledding oder auch einfach Schlittenfahren

Ja, auch mit einem Aussie ist dieses Möglich, natürlich nicht von Heute auf Morgen, sondern mit viel Training und erst wenn er voll ausgewachsen ist. Bevor man aber einfach einen Schlitten zusammen zimmert, sollte man einen Lehrgang besuchen und sich genau informieren! Damit es sowohl für Mensch als auch Hund, ein positives Hobby wird!

Hüten mit einem Aussie

Australian Shepherds sind sehr gute Hütehunde und werden auch Heute in den USA, aber auch immer häufiger in Europa für die Arbeit mit Schafen und Rindern eingesetzt. Genau das ist auch die Aufgabe für die sie einst gezüchtet wurden!
Der Hütetrieb bzw. die angeborenen Verhaltensweisen eines Hütehundes ähneln stark dem Jagdverhalten eines Wolfes, da der Hütetrieb unserer Hundes sich aus dem Hetztrieb eines Wolfes ableitet! Das Rudel der Wölfe umkreist die Herde oder das einzelne Beutetier um zu verhindern das es fliehen und damit entwischen kann. Bei den Wölfen wird die Beute dem Rudelführer zugetrieben, da er das stärkste Tier im Rudel ist. Damit es von diesem Tier getötet wird. Dieses bereits angeborene Verhalten der Hunde hat sich der Mensch zum Nutzen gemacht.
Durch gezielte Selektion wurde das Verhalten des Triebes verstärkt und der Drang dabei, die Beute und zu stellen, wurde soweit vermindert das es nicht mehr zur Tötung der Beutetiere kam oder in diesem Fall das zu hütende Tier.

Sammelnder Trieb

Beim hüten der Schafe, Rinder oder anderer Tiere wird der Sammeltrieb sehr deutlich, die Herde wird umkreist und der Position dem gegenüberliegenden Hüter angeglichen um diesem die Herde zuzutreiben, genau so wie es das Rudel auch in freier Wildbahn mit dem stärksten Tier machen würde.

Treibender – Trieb

Bei diesem Trieb wird die Herde umkreist und die Position gegenüber des Hüters gesucht um die Herde vom ihm wegzutreiben.

Welchen dieser Triebe dein Hund hat, wird sich erst nach den ersten Hüteerfahrungen zeigen. Oft ist es auch so, das bei jungen Hunden beide Triebe vorhanden sind. Erst im Alter prägt sich ein Trieb mehr aus als der Andere.

Wenn dein Aussie bei den ersten Hüteerfahrungen kein Anzeichen für einen der Triebe zeigen, kann das Hüten wieder erlernt werden. Durch viel Bestätigung und Geduld kann man ihm das Hüten wieder schmackhaft machen. Es dauert und erfordert viel Ermutigung und Bestärkung deines Aussies!
Bei den ersten Hüteversuchen sollte eine gut eingehütete und erfahrene Herde genommen werden, die Erfahrung dieser Herde wird auch deinem Aussies zugute kommen. Oft werden zu Übungszwecken auch Laufenten oder Meerschweinchen zum Hüten genutzt. Sie sind leichter zu handhaben und die negativen Erfahrungen sind minimal.
Zu Beginn des Hüten, sollte das Sammeln der Herde der Schwerpunk sein, wenn das gelingt kann das Treiben erlernt werden.
Die Grundvoraussetzungen für das Gelingen sind die Basiskommandos wie Platz, Bleib und Komm. Schon zu Welpenzeiten sollten diese Kommandos verinnerlicht werden. Auch andere Kommandos zum Hüten können oder sollten schon erlernt sein, bevor es zur praktischen Anwendung kommt. Es gibt internationale Hütebefehlte, doch jeder kann auch selbst Hütebefehlte kreieren und verwenden.

Wichtig dabei ist, das dieser Befehl einzig und alleine für dieses bestimmte Verhalten verwendet wird. Daher sollte er sich auch nicht ähnlich anhören wie andere oder ein gängiges Wort das du häufig für andere Themen nutzen. Es sollten Wörter sein, die sonst nicht genutzt werden.

Die meisten Aussies zeigen schon früh starkes Interesse am Hüten, doch es ist in diesem Alter noch nicht Sinnvoll mit dem Hütetraining zu beginnen. Die Konzentrationsspanne ist noch nicht so stark ausgeprägt und auch das Selbstbewusstsein ist noch relativ gering, so das es einige Monate später einfacher und sinnvoller ist mit dem Training zu beginnen. Mit ca. 1 Jahr sollte dein Aussie soweit entwickelt sein, das Spielen nicht mehr im Vordergrund steht und er nicht überfordert wäre.
Bei allen Übungen ist es wichtig, darauf zu achten ob dein Aussie Anzeichen der Aggression zeigt, das wäre ein Zeichen dafür das er den Druck nicht standhalten kann und das mit mehr Ruhe und Einfühlungsvermögen gearbeitet werden muss. Grade als Anfänger sollte man sich einen Erfahrenen Hüter suchen, der einem die Kniffe und Tricks beibringt, oft werden Lehrgänge und Seminare angeboten. Aussies sind dafür bekannt, das sie viel über Stimme arbeiten, daher sind sie bei vielen Hütern nicht so beliebt.

Wichtig: Lass deinen Aussie nicht alleine mit den Laufenten, Schafen oder anderen Tieren die er hüten soll. Grade zu Beginn kann es sonst zu Verletzungen (sowohl bei den Hütetieren als bei deinem Aussie) und Ängsten kommen. Durch Spielen und kleine Unfälle kann es passieren das dein Aussie zu viel Angst bekommt, als das man hinterher noch mit ihm Stressfrei an der Herde arbeiten kann. Auch hier gilt das dein Aussie mit Geduld, Lob und Freude gearbeitet werden muss. Grade bei Schafen mit Hörnern kann es passieren das ein unerfahrener Hunde geboxt wird, daher sollte zu Beginn mit hornlosen Schafen geübt werden.

Trials

Trials sind Hütewettbewerbe nach britischem Vorbild, jeder Teilnehmer bekommt ein Gruppe von 4 bis 6 Schafen, die dann durch einen festgelegten Parcours getrieben werden müssen.
Auch hier werden verschiedene Klassen angeboten, von Anfängerhunden, Fortgeschrittene (Hunde die schon viel können aber noch eine Hilfestellung vom Hundeführer benötigen) und Offene Klassen, in dieser Klasse starten Hunde die schon ausgelernt haben und mit ihnen arbeitet der Hundeführer bei Entfernungen von bis zu 300 Metern und mehr.
Aufgabe der Hunde bei einem Trial ist es, die Schafe auf Befehl gezielt zu bewegen, auf ruhige Weise und auf dem kürzesten Weg. Auch sollten die Schafe auf graden Linien durch die Parcours getrieben werden, dabei ist die ruhige Arbeitsweise ideal, da durch dieses Art mit den Schafen zu arbeiten die Tier ruhig und gelassen bleiben.
Im Vergleich der einzelnen Teams, wird grade auf diese Punkte geachtet! Denn nur so kann man die Unterschiedlichen Arbeitsweisen unterscheiden und beurteilen. Schon die kleinste Abweichung der kürzesten Strecke oder der Nichteinhaltung der graden Linien führt zu Punktabzug

Das Bellen oder beißen der Schafe ist nicht erlaubt und wird mit hohem Punktabzug gestraft!

Das ist nur ein kleiner Auszug, welche Möglichkeiten es gibt. In jeder guten Hundeschule werden unterschiedliche Kurse angeboten.
Weitere Bereiche in denen ein Aussie eingesetzt werden kann sind: Reitbegleithund, Polizeihund, Therapiehund in unterschiedlichen Schwerpunktbereichen und Rettungshund.
Wobei es natürlich noch viele andere Bereiche gibt und auch weiterhin noch dazu kommen werden. Die Fähigkeiten sind unerschöpflich.

Zucht

Immer wieder steht der Punkt im Raum ob man einen Wurf machen sollte oder sogar anfängt zu Züchten, da es immer wieder Pro und Contra geben wird, hier einfach ein paar Hilfreiche Tipps und Informationen.

Ob man dann einen Wurf macht oder nicht, sollte Jedem selbst überlassen sein.

Doch du darfst nicht vergessen, man hat auch eine Verantwortung den Welpen gegenüber. Sie brauchen nach 8 – 10 Wochen Menschen die sich ein Leben lang um sie kümmern müssen, das hoffentlich über 14 Jahre sein wird. Und nur weil man ab und zu gefragt oder gebeten wird einen Wurf zu machen, heißt es nicht das man auch für jeden Welpen ein zu Hause findet. Es kann also sein das ein Welpe bis zu 6 Monate auf ein neues Frauchen oder Herrchen warten muss! Hast du die Möglichkeiten dich in der Zeit um den Zwerg zu kümmern?
Und vor allem, hast du Zeit dich in der Zeit zur Vorbereitung der Geburt, der Geburt selbst und in der Zeit danach, gute 8 Wochen, Tag und Nacht für Mama und Babies da zu sein?

Es muss nicht immer reibungslos ablaufen, wenn deine Hündin die Welpen nicht annimmt oder keine Milch produziert, musst du die Kleinen mit einer Flasche großziehen. Das bedeutet das du ihnen alle zwei Stunden die Flasche gibst und die Welpen auch sonst rund um die Uhr betreuen musst. Mit viel Schlaf ist dabei nicht zu rechnen, denn eine Zucht bedeutet auch Verantwortung!

Was Bedeutet eigentlich züchten? Unter einer Zucht versteht man eine Verbesserung, Veredelung einer Rasse um dem Rassestandart so nahe zu kommen wie es nur geht. Und nicht die Unüberlegte Zusammenführung zweier Tiere der gleichen Rasse. Ein Zuchtziel sollte gesetzt sein und alle Tiere müssen Untersucht und vor allem zu dem Zeitpunkt der Vermehrung gesund sein.

Folgende Untersuchungsergebnisse müssen vorliegen

HD Untersuchung, ausgewertet von einem Facharzt
MDR1
Augenuntersuchung von einem Facharzt
Und vorteilhaft, ein DNA-Test um sicher zu stellen das dieser Hund auch die Abstammung hat, wie angegeben
(und von vielen Verbänden, zum Glück, mittlerweile vorgeschrieben)

Wenn du dich dazu entschieden hast zu züchten musst du dich erkundigen ob es auch erlaubt ist, auch wenn du in deinem eigenen Haus mit Garten lebst, kann es sein das es dir nicht erlaubt wird. Es gibt eine Haltungs- und Zuchtordnung in Wohngebieten, in denen genau vorgegeben ist, wie viele Hunde du halten darfst. Auch wenn man davon ausgehen sollte, das man auf seinem Grund und Boden machen kann, was man möchte, ist das leider nicht so. Wenn sich deine Nachbarn vom bellen belästigt fühlen, kann dir verboten werden, diese Tiere weiterhin zu halten. Um diesem vorzusorgen, solltest du dir vorab von allen Nachbarn Unterschriften geben lasse, das sie nichts dagegen haben, das du mehr als einen Hund bei dir hast. Nur so kannst du solchem Rechtsstreit vorbeugen und umgehen.

Auch wenn es von vielen Züchtern anders gehandhabt wird, JA für jeden Wurf und für jede Deckung müssen in Deutschland Steuern gezahlt werden. Dieses erfolgt über eine Gewerbeanmeldung bei deiner Stadt oder Gemeinde. Wenn es nicht hauptberuflich ist, als Nebengewerbe. So hat man auch die Möglichkeit Kosten abzusetzen.

Unter einem Gewerblichen Züchter versteht man vom Gesetz her eine Zuchtstätte von mehr als 3 Zuchtfähigen Hündinnen. Unabhängig davon, ob wirklich alle Hündinnen zur Zucht eingesetzt werden oder nicht.
Bei einer gewerblichen Zucht brauchst du eine Zuchtgenehmigung, diese erhältst du auch von der Stadt oder Gemeinde, erkundige dich vorab genau, welche Grundvoraussetzungen dafür erfüllt werden müssen, das du es schon vorbereiten kannst.

Danach kannst du dich geprüfter Züchter nennen, was grade bei Erstkäufern eines Hundes einen sehr guten Eindruck macht und man so sinnlosen Verpaarungen von Vermehrer den Riegel vorschieben kann, was von jedem Liebhaber des Aussies und jeder anderen Rasse unterstützt werden sollte.

Wenn du züchten möchtest, um Geld zu verdienen, lass dir gesagt sein, das wird nichts!

Als Beispiel mit 6 Welpen:

Untersuchungen deiner Hündin	ca.:	400	Euro
Deckakt mit Fremdrüden	ca.:	1000	Euro
Fahrt zum Rüden incl. Hotel	ca.:	350	Euro
Ultraschall	ca.:	40	Euro
Kaiserschnitt	ca.:	400	Euro
Welpenstarterfutter	ca.:	40	Euro
Welpenfutter bis zum Auszug	ca.:	250	Euro
Zerstörtest Spielzeug	ca.:	50	Euro
Andere Schäden durch Welpen	ca.:	200	Euro
Tierarzt: Impfen, Chip usw.	ca.:	500	Euro
Benzinkosten	ca.:	100	Euro
Verpflegung vom Besuch	ca.:	200	Euro
Welpenmappen, Halsbänder usw.	ca.:	250	Euro

Und noch Vieles mehr, ganz zu schweigen von den Kosten die man vorher schon alles hat, deine Hündin hast du im Zweifelsfall über zwei Jahre, du besuchst regelmäßig Ausstellungen, bis im Hundeverein / Hundeschule, bist Mitglied in einem Aussie - Verein und du hast vorab schon einige potenzielle Väter der Welpen besucht, die natürlich immer am anderen Ende von Deutschland oder im Ausland leben.

Wie du sehen kannst, RICHTIGES ZÜCHTEN ist ein Minusgeschäft, lass dir also nicht einreden das damit der schnelle Euro zu machen ist und wenn da dein Interesse hintendiert solltest du sowieso Abstand von der ganzen Sache nehmen, schon im Interesse deines Hundes!

DNA – Test

Seit 2010 ist es üblich bei einem Aussie einen DNA – Test machen zu lassen, vorher war es natürlich auch schon möglich und viele haben es genutzt, doch leider gab es auch hier und da Züchter, die falsche Angaben gemacht haben, was die Elterntiere der zu verkaufenden Welpen angeht. Darum wird jetzt mehr darauf geachtet, damit man auch wirklich Das bekommt, was man auch bezahlt hat. Denn ohne DNA – Test bekommt man beim Verband des Australian Shepherds keine Papiere für seine Welpen!

Ein DNA – Test ist ein Identitätsnachweis der Abstammung, durch das genetische Verfahren das entwickelt wurde, das sie Identität und Abstammung des Hundes mit 99,99 % festgestellt werden kann. Es handelt sich hierbei, genau wie bei der Humandiagnostik um den genetischen Fingerabdruck.
Dafür wird aus einer Blutprobe das Erbgut gewonnen. Die Untersuchung beschränkt sich hierbei auf kleine und individuelle unterschiedlicher Bereiche der DNA.
Das Ergebnis dieser Kombination der untersuchten Bereiche ergibt dann einen individuellen und fälschungssicheren, genetischen Fingerabdruck vom Hund.

Wenn man vom Deckrüden und von der Mutterhündin das genetische Profil hat, kann man daraus den genetischen Finderabdruck des Welpen erstellen. Der Welpe hat jeweils 50 % der Anteile des Vaters und der Mutter. So ist eine lückenlose Dokumentation der Abstammung möglich.

Dadurch kann es nicht mehr zu Deckunfällen kommen, die falsch gemeldet werden und die tatsächliche Verpaarungen der Welpen muss angegeben werden.

Nach dem DNA -Test deines neuen Welpen:
Bei Hunden wo nur ein Elternteil getestet wurde, seht als Zusatz beim Namen deines Welpen ein DNA – CP.

Wurden beide Elternteile des Welpen getestet, so steht als Zusatz beim Namen deines Welpen DNA – VP.

Zuchttauglichkeit des Rüden

Dabei wir der Rüde daraufhin untersucht, ob er in der Lage ist gesundes und vor allem Sperma in einer angemessenen Menge produzieren.
Bei der Untersuchung werden die Geschlechtsorgane untersucht und eine Spermaprobe entnommen.

Verhütung

Kastration

Die Kastration bedeutet eine operative Entfernung, in Vollnarkose, der Keimdrüsen. Beim Rüden der Hoden und bei der Hündin der Eierstöcke.
Werden dabei nur die Eierstöcke entfernt spricht man von der Ovarioektomie, bei der Entfernung von den Eierstöcken inklusive der gesamten Gebärmutter, von der Ovariohysterektomie.

Die Keimdrüsen sind auch der Bildungsort der Geschlechtshormone, deren Herstellung durch die Kastration ebenfalls wegfällt. Die Hündin wird nicht mehr läufig und der Rüde ist nicht mehr an läufigen Hündinnen interessiert und wird meist auch deutlich verträglicher mit anderen Rüden, da das Imponier- und Dominanzverhalten schwächer wird.

Durch eine Kastration stellt sich eine dauerhaft und sichere Empfängnisverhütung ein, es können keine Läufigkeitsprobleme und Scheinträchtigkeit mehr auftreten.
Es heißt außerdem, das das Risiko von Erkrankungen wie Mammatumore (Brustkrebs) und Diabetes mellitus verringert wird.

Wichtig: das ist nur ein Hinweis und kein Ratschlag einen Hund zu kastrieren!

Sterilisation

Bei der Sterilisation ist es eine Unterbindung der Ausführungsgänge, also Eileiter bzw. Samenleiter. Das Geschlechtsverhalten und der Läufigkeitszyklus verändern sich nicht, allein die Fortpflanzungsfähigkeit ist unterbrochen.
Die Hündin wird weiterhin „heiß" und wird sich auch wie vorher für Rüden in dieser Zeit interessieren.

Medikamentelle Läufigkeitsunterdrückung

Da es auf dem Gebiet immer neue Produkte gibt, erkundige dich bitte bei deinem Tierarzt welche Möglichkeiten es zur Zeit gibt und welche für dich und deinen Hund ab Besten wäre.

Zyklus der Hündin

Im Normalfall wird eine Hündin mit 5 bis 11 Monaten zum ersten Mal läufig. Manchmal lässt es auch viel länger auf sich warten. Sollte der erste Zyklus, nach dem 14 Lebensmonat immer noch auf sich warten lassen, solltest du Rücksprache mit einem Tierarzt halten. Nur um sicher zu gehen, das es eine „normale“ Verzögerung ist.

Der gesamte Zyklus unterteilt sich in verschiedene Phasen

Die sogenannte Vorbrunst
Die Phase dauert 7 bis 13 Tage.
Oft haben Rüden schon Interesse an der Hündin und versuchen sie mehr oder weniger aktiv zu decken, doch sie will nichts von ihnen wissen. Oft beißt die Hündin den Rüden weg und gibt ihm unmissverständlich zu verstehen, das sie noch nicht bereit ist.

Die Schamlippen schwellen immer mehr an, man sieht blutig - wässrigen Ausfluss oder man bemerkt zumindest ein vermehrtes Lecken der Hündin im Scharmbereich.
Die inneren Geschlechtsorgane werden stärker durchblutet, auf den Eierstöcken wachsen langsam die Eizellen heran.

Danach folgt die Brunst, Hitze und Läufigkeit

Im Normalfall beträgt die Dauer etwa 4 bis 10 Tage.
Der Scheidenausfluss wird weniger und sieht glasig aus, doch die Schamlippen sind weiterhin groß und geschwollen.
Jetzt ist die Hündin paarungsbereit und wird sich von jedem Rüden decken lassen. Darum ist es auch sehr wichtig, das du darauf achtest das es zu keiner ungewollten Deckung kommt. Hündinnen können von mehreren Rüden gedeckt und somit von unterschiedlichen Rüden Welpen bekommen! (mehr dazu im Bereich Deckakt). Die Eizellen sind gereift und der Eisprung findet nun statt.

Wird die Hündin nicht gedeckt, schließt sich die Nachbrunst an. Die Scham schwillt wieder ab, das Interesse an den Rüden lässt auch wieder nach. Die Rückentwicklung der Geschlechtsorgane dauert in etwa 4 bis 8 Wochen.
Dann folgt die Ruhephase, in der die Hormonproduktion sehr gering ist. Die Scham ist wieder klein und es ist kein Ausfluss zu sehen. Diese Phase weist die größten zeitlichen Schwankungen auf, sie dauert 2 bis 8 Monate.

Vor der Deckung

Sollten die äußeren Genitalien der Hündin und des Rüden gereinigt werden, mit lauwarmen Wasser (nicht mit chemischen Mitteln) um die Ansteckung mit sexuell übertragbaren Krankheiten zu vermeiden.

Der Deckakt

Beim Zusammentreffen einer läufigen Hündin mit einem Rüden beginnt vor der Deckung das „Beschnuppern" in Form von spielen. Das ist das Vorspiel der Hunde und erregt sie. Wenn die Hündin bereit ist, stellt sich die Hündin ruhig hin und legt die Rute zur Seite, so dass der Rüde aufspringen und ohne Probleme eindringen kann. Nach dem Eindringen des Gliedes in die Scheide kommt es zum umgangssprachlichen „Hängen", durch die Vergrößerung der Bulbourethraldrüse (Eichelknochen) am Penis wird das Herausgleiten verhindert. Dadurch möchte die Natur sicher stellen, das es wirklich zu einer Vermehrung kommt.
Das Hängen dauert zwischen 10 und 45 Minuten.
Eine Trennung der beiden Tiere führt in dieser Phase zu ernsthaften Verletzungen und davon kann ich nur abraten. Daher muss auch darauf geachtet werden, das die Hündin sich nicht hinlegt, hinsetzt oder versucht wegzuspringen! Oft muss dem Rüden auch beim Drehen geholfen werden, damit die Hunde Hintern an Hintern stehen können, wodurch es für Rüden und Hündin einfacher wird stehen zu bleiben.

Nach dem Hängen muss darauf geachtet werden, das die Hündin nicht pinkelt oder sich hinsetzt.
Die Hündin sollte schon beim Hängen an die Leine genommen werden und sobald die Hunde sich trennen, kann mit ihr ins Haus gegangen werden. Du solltest ihr ein paar Leckerlis geben und ihr ein gutes Gefühl geben, denn auch so was kann hilfreich sein bei einer erfolgreichen Deckung.
Einige Züchter halten auch die Hinterläufe für 10 Minuten nach oben, damit der Samen nicht wieder herausläuft, wenn ihnen die Hängzeit zu kurz erschien. Ich selbst halte davon nicht.

Die Eizellen werden nicht zur gleichen Zeit reif, daher ist es möglich, dass eine Hündin nach erfolgreicher Befruchtung, innerhalb eines Zyklus, ein zweites Mal von einem anderen Rüden gedeckt werden kann und so in einem Wurf sowohl Welpen verschiedener Väter, als auch verschiedene Rassen sind. Aus diesem Grund ist es auch Wichtig in dieser Zeit besonders gut auf die Hündin zu achten, da sie sehr einfallsreich sein wird um zu dem Rüden ihres Herzens zu gelangen. Denn ihr ist es egal, ob es sich dabei um die richtige Rasse oder das richtige Pedigree handelt!

Die Deckung sollte nach 48 Stunden wiederholt werden um die Möglichkeit einer Schwangerschaft zu erhöhen.

Schwanger ohne Hängen

Ja auch so etwas ist möglich. Selbst wenn der Rüde nicht gehangen hat, kann es zu einer Schwangerschaft kommen.

Künstliche Befruchtung

Die künstliche Befruchtung erfreut sich immer mehr der Beliebtheit bei Züchtern, erstens kann man den Rüden nutzen den man möchte ohne Stundenlang im Auto zu sitzen oder sogar in ein anderes Land reisen zu müssen und man ist nicht auf die Launen der Hunde angewiesen.
Auch sind Krankheiten die bei einer Deckung übertragen werden könnten, ausgeschlossen.
Und durch die Untersuchung der Hündin vor der Besamung ist eine gynäkologischen Erkrankung bei der Hündin fast ausgeschlossen, da sie dabei entdeckt werden würde. Was bei einer natürlichen Deckung nicht der Fall wäre.
Und was meiner Meinung nach auch noch sehr wichtig ist: mangelhafte Sperma Qualität wird frühzeitig erkannt und der Rüde wird aus der Zucht genommen.
Auch wenn es natürlich Nachteile mit sich bringen kann, den in den meisten Fällen, weiß ein Rüde ganz genau wann er seinen Job zu machen hat und trifft den richtigen Tag zur Befruchtung. Bei einer künstlichen Befruchtung ist man auf Temperaturen und Tests angewiesen. Sowie auch auf einen guten Tierarzt, der weiß wann er was zu tun hat.

Es wird vorab bei der Hündin ein Bluttest gemacht, um den Hormon Progesteron - Wert zu bestimmen, da dieser vor dem Eisprung in der Konzentration ansteigt. Dieser Vorgang sollte vorab genau mit dem Tierarzt besprochen werden, da die Samen zu im in die Praxis geliefert werden.

Es gibt unterschiedliche Möglichkeiten der Samen

Frischsamenübertragung: hier wird der Samen im beisein der Hündin übertragen ohne das es zu dem eigentlichen Deckakt kommt.

Gekühlte Samen: der Samen wird durch Hilfe eines geeigneten Verdünners und durch Kühlung für zwei bis drei Tage haltbar gemacht. In diesen drei Tagen wird die Hündin damit künstlich befruchtet.

Tiefgefriersamen: hier ist der Aufwand wesendlich höher, doch durch dieses Methode ist die Möglichkeit der Lagerung viel einfacher.

Endoskopisch - Transzervikale Samenübertragung:

Hierbei handelt es sich um eine intrauterine Samenübertragung, da der Samen in der Gebärmutter der Hündin abgesetzt wird. Nach der Aufbereitung wird der Samen unter Endoskopischer Kontrolle in die Gebärmutter der Hündin eingebracht.
Während die Hündin auf dem Tisch liegt, wird ein Endoskop durch die Scheide so weit hineingeführt, bis der äußere Muttermund sichtbar wird. Dann wird ein Katheter durch den Gebärmutterhals geführt und der Samen abgesetzt.

Chirurgische Samenübertragung:

Bei dieser Samenübertragung wird der Samen in der Gebärmutter abgesetzt, hierbei muss die Hündin in eine kurze Vollnarkose gelegt werden, dann wird der Samen nach einem Bauchschnitt, ca. 8 cm Lange, direkt in die Gebärmutterhörner injiziert.

Tief vaginale Samenübertragung:

Dies ist die deutlich einfachste Technik den Samen zu übertragen, der Samen wird vor der Gebärmutter der Hündin, nämlich tief in der Scheide abgesetzt. Doch leider ist es auch die Methode mit den schlechtesten Ergebnissen und wird daher nur selten verwendet.

Mittlerweile gibt es auch eine große Anzahl von Ärzten, die über eine Samenbank mit unterschiedlichsten Rassen und Rüden verfügen. Da sie mit einer großen internationalen Samenbank zusammen arbeiten.

Störungen der Schwangerschaft oder Gründe der Nichtaufnahme

Es gibt eine große Bandbreite an Krankheiten oder Gründen warum es dazu kommen kann, das eine Hündin nicht aufnimmt oder eine Fehlgeburt hat. Darauf sollte man sich frühzeitig vorbereiten und klar machen, das es dazu kommen kann. Hierbei spielen auch verschiedene Hormone und Organe eine große Rolle.

Bei inneren Störungen kann es sich um Erbkrankheiten der Schilddrüse oder Nebennieren handeln, die können eine Trächtigkeit verhindern oder aber auch abbrechen. Auch Erkrankungen der Gebärmutter durch Bakterien oder einfach nur Stress können dazu führen, das es zu keiner erfolgreichen Verpaarung kommen kann.
Es gibt, wie schon geschrieben, eine sehr große Bandbreite und das sind nur ein paar Beispiele.

Einige Züchter schwören auf eine Tupferprobe, in den ersten drei Tagen der Läufigkeit, um eine Bakteriologische Untersuchung der Gebärmutter zu machen. Um die gewünschten Ergebnisse aus dem Labor frühzeitig zu erhalten und bei Problemkeimen noch vor dem Deckakt durch Medikamente eine Behandlung durchführen zu lassen. Denn so ist eine rechtzeitige Heilung der Gebärmutterveränderung möglich und eine mögliche Beeinträchtigung der Follikel und des Spermas wird verhindert.

Progesterontest

Immer wieder werden in den letzten Jahren Progesterontests bei der Hündin vorgenommen. Dieser Test, der bei einem Tierarzt vorgenommen wird, wird mit Hilfe eines Hormontests festgestellt, wann der beste Zeitpunkt gekommen ist um die Hündin decken zu lassen. Grade wenn man eine lange Reise zum Rüden der Wahl hat, ist es ratsam, diesen Test durchführen zu lassen. Um sicher zu gehen, das wirklich ein Stehtag erwischt wird. Dennoch muss man trotzdem die Hündin genau beobachten und auf Anzeichen achten, denn selbst wenn ein Test sagt, das es soweit ist, muss der Rüde oder die Hündin sich nicht daran halten. Daher kann ich nur dazu raten, mehr als nur 2 Tage einzuplanen, das es zu einer erfolgreichen Deckung kommt.

Farbenvererbung beim Aussie

Eltern: Black x Black = Kinder : Black

Eltern: Black x Black (red factored) = Kinder: Black und Black (red factored)

Eltern: Black x Red = Kinder: Black (red factored)

Eltern: Black x Red = Kinder: Black (red factored) und Blue Merle red factored

Eltern: Black x Blue Merle = Kinder: Black und Blue Merle

Eltern: Black x Blue Merle (red factored) = Kinder: Black, Blue Merle, Black (red factored) und Blue Merle (red factored)

Eltern: Red x Red = Kinder: Red

Eltern: Red x Red Merle = Kinder: Red und Red Merle

Eltern: Red x Blue Merle = Kinder: Black (red factored) und Blue Merle (red factored)

Eltern: Red x Blue Merle (red factored) = Kinder Black(red factored), Blue Merle (red factored), Red und Red Merle

Eltern: Black (red factored) x Black (red factored) = Kinder: Black, Red und Black (red factored)

Eltern: Black (red factored) x Red = Kinder: Black (red factored) und Red

Eltern: Black (red factored) x Blue Merle = Kinder: Black, Blue Merle, Black (red factored) und Blue Merle (red factored)

Eltern: Black (red factored) x Blue Merle (red factored) = Kinder: Black, Blue Merle, Black (red factored), Black (red factored), Red und Red Merle

Eltern: Black (red factored) x Red Merle = Kinder: Black, Blue Merle, Black (red factored), Black (red factored), Red und Red Merle

Hinweis:
Eltern: Merle x Merle = Kinder: Weiße, Taube und Blinde Welpen
Diese Anpaarung ist in Deutschland VERBOTEN! Sie ist generell verboten und gilt als Qualzucht! Sollte es zu einer ungewollten Deckung kommen, muss ein Schwangerschaftsabbruch vorgenommen werden.

Die Entwicklung im Mutterleib

Am Tag I wandert das Sperma zu den Eileitern. Die Spermien bleiben in den weiblichen Geschlechtsorganen eine zeitlang befruchtungsfähig, man rechnet mit ca. 24 Stunden.

Nach 2 bis 3 Tagen erreicht das Sperma die Eileiter, in denen sich mittlerweile die reifen Eizellen befinden.

An den Tagen 2 bis 4 werden die Eizellen in den Eileitern befruchtet, bis sie an den Tagen 4 bis 6, als befruchtete Eizellen in den Gebärmutterhals wandern.

Die befruchteten Eizellen entwickeln sich an Tag 8 bis 12 zu Blastocyten, noch nicht voll entwickelte embryonale Zellen.

An den Tagen 12 bis 14 erreichen die Embryonen die Gebärmutter und es kann sein das die Hündin an morgendlicher Übelkeit leidet, manche Hündinnen fressen ab Tag 19 gar nichts mehr oder nur sehr sehr wenig, was sich aber in der Regel nach ein paar Tagen wieder einpendelt. Biete ihr hin und wieder kleinere Mengen an Futter an.
In dieser Zeit sind die Hündinnen oft auch anhänglicher als sonst und wollen Immer und Überall dabei sein.

Am 19. Tag setzen sich die Keimbläschen in der Gebärmutterwand fest. Diese formen embryonale Bläschen.

Ab dem 21. Tag sondern einige Hündinnen klaren Schleim ab. Oft wird das als klares Zeichen gewertet das der Deckakt erfolgreich war. Doch genaueres kann nur der Tierarzt sagen. Ab der 3ten Woche kann man eine Ultraschalluntersuchung machen lassen. Ich persönlich halte davon nichts, da es ein großer Stress für die Hündin ist und es passieren kann, das sie die Welpen resorbiert. Warte lieber die Zeit ab und riskiere nicht ein paar Welpen zu verlieren, deine Hündin wird es dir danken.
Zu diesem Zeitpunkt sollte auch eine Wurmkur gemacht werden, auch wenn diese noch nicht lange zurückliegt, dieses Dient dem Schutz der

Welpen, da sich Larven der Spulwürmer durch die Darmwand bohren könnten und in die Milchdrüsen der Hündin gelangen. Dort lagern sie dann, bis sie durch die Muttermilch in den Welpen gelangen können.
In dieser Zeit solltest du damit anfangen, deiner Hündin Welpenfutter als Mahlzeiten zu geben. Oder auch spezielles Futter für werdende Mütter. Je nach dem welche Marke du deiner Hündin fütterst, werden unterschiedliche Arten angeboten.

Ab dem 22 Tag sind Anstrengende Aktivitäten zu vermeiden, auch wenn es schwer fällt, deine Hündin sollte jetzt nicht mehr mit anderen Hunden spielen und sich nicht zu sehr anstrengen.

Die Augen und die Nervenstränge im Rückenmark werden am 21 bis 28 Tag gebildet. Auch die Organbildung beginnt. Bei der Hündin hat die Entwicklung der Zitzen begonnen, die Zitzen werden größer. Um den Welpen das trinken zu erleichtern, solltest du die Haare um die Zitzen entfernen. Und auch die Haare im Scheidenbereich sollten gekürzt werden.

Um Tag 26 bis 30 sind die Welpen ca. walnussgroß und sind gleichmäßig im Uterus verteilt. Die Zehen, Barthaare und Krallen beginnen sich zu entwickeln.

Die Entwicklung der Organe ist am Tag 35 abgeschlossen. Jetzt sehen die Föten aus wie kleine Hunde, die Geschlechter sind jetzt bestimmbar und die Fellfarben beginnen sich zu entwickeln.
In dieser Zeit ist es Sinnvoll der Hündin eine Wurfkiste zu kaufen oder zu bauen, damit sie die Kiste schon kennen lernt und sie als Geburtsstätte akzeptiert!

Ab der 7.Woche solltest du täglich, morgens und abends, Temperatur messen und auch notieren, diese Daten sind hilfreich wenn die Geburt der Welpen naht, da die Temperatur der Hündin um ca. 1 – 2 Grad Celsius fallen wird, bevor die Welpen in den nächsten 6 bis 24 Stunden geboren werden.
Die Hündin wird weniger Hunger haben, der Platzmangel im Bauch verursacht diesen Zustand, gib ihr mehrere kleine Portionen.

In der Zeit von Tag 48 bis 57 wirst du merken das die Hündin mehr Zeit mit ihrer Körperpflege verbringt und ständig nach geeigneten Plätzen für die nahende Geburt sucht.
Biete ihr immer wieder die Wurfbox an, aber zwing sie nicht darin Zeit zu verbringen. Wenn es soweit ist, wirst du es merken und dann wird sie hoffentlich auch die angebotene Box nutzen, biete ihr keine Möglichkeit einen besseren Platz dafür auszusuchen.

Ab Tag 60 hat die Hündin wahrscheinlich gar keinen Appetit mehr und wird immer ruheloser. Viele Hündinnen beginnen Höhlen im Garten zu buddeln, das buddeln regt die Wehen an, aber achte darauf das die Hündin nicht ihre Welpen heimlich im Garten bekommt, lass sie nicht mehr aus den Augen.

Der 63 ist der vorausberechnete Tag der Geburt, viele Hündinnen bekommen ihre Welpen zwischen dem 59 und 63 Tag, seltener kommt es vor das es auch bis zum 66 Tag dauert, danach solltest du sofort zum Tierarzt fahren und nachschauen lassen ob mit den Welpen alles in Ordnung ist.

Die Geburt

Etwa alle 30 Minuten sollte ein Welpe geboren werden. Ist der Abstand größer als 1 Stunde, sollte ein Tierarzt von dir zu Rate gezogen werden.
Um die Zeitabstände richtig einschätzen zu können, solltest du die Zeiten aufschreiben.

Normalerweise macht die Hündin alles alleine und der Mensch muss nicht eingreifen.
Durch das Belecken wird der Kreislauf angeregt und das Fell getrocknet. Die Eihaut wird von der Mutter abgeleckt oder abgebissen, anschließend aufgefressen. Es ist kein schöner Anblick, doch es gehört!

Auch wenn eine Geburt etwas wunderschönes ist, darf man nicht vergessen, das auch einige Risiken daran geknüpft sind:
Ein Welpe ist im Mutterleib abgestorben und versperrt den anderen Welpen den Weg nach draußen.
Es ist eine Totgeburt.
Ein oder mehrere Welpen haben sich nicht richtig entwickelt oder sind zusammen gewachsen.
Der Welpe war zu groß, ist stecken geblieben und erstickt.
Wenn die Hündin zu schwach ist um die Eihaut zu öffnen, kann der Welpe ersticken.
War die Hündin beim abnabeln zu grob und hat den Naben zu tief abgerissen, kann der Welpe verbluten.
Und was man nicht vergessen darf, eine Geburt beinhaltet Blut und andere Flüssigkeiten, bei jeder Geburt muss sich die Hündin darauf verlassen können das Herrchen oder Frauchen jederzeit eingreifen kann um das Leben der Hündin oder Welpen retten zu können.

Wenn die Hündin sich schwach fühlt oder dir etwas merkwürdig vorkommt, frag beim Tierarzt nach. Es ist auch vorteilhaft, schon vor der Belegung der Hündin mit dem Tierarzt einige Punkte und Fragen im Voraus zu klären.

Immer wieder kommt es vor das die Hündin nicht in der Lage ist ihre Welpen selbst zu versorgen, dann ist die künstliche Welpenernähung unumgänglich. Im Handel stehen unterschiedliche Fertigpräparate zur Verfügung, auch Tierärzte haben diese Präparate.

Hündinnen haben 10 Zitzen, wovon meistens die ersten zwei verkümmert sind, daher ist es schwierig für eine Hündin mehr als 8 Welpen zu ernähren und man muss selbst mit Hand anlegen.
Welpen verlangen in den ersten zwei Wochen 12 mal am Tag nach Nahrung. Nach jeder Fütterung muss mit einem feuchten Tuch das Hinterteil des Welpen gereinigt werden, so wird das Ablecken der Mutter nachgeahmt und regt den Stuhlgang des Welpen an.

Zugefüttert werden kann ab der Woche 3, dieses empfiehlt sich auch bei Hündinnen mit wenig Milch.
Welpen werden mit geschlossenen noch nicht voll entwickelten Augen und Gehör geboren. Diese Sinne entwickeln sich bis zum 21. Lebenstag.

Mögliche Erkrankungen im Zusammenhang mit einer Geburt

Eklampsie

ist das sogenannte Milchfieber, eine lebensgefährliche Krankheit. Es ist ein Kalziummangel im Blut, bereits während der Schwangerschaft muss die Hündin viel Kalzium an die wachsenden Welpen abgeben. Über die Milch wird dann noch mehr Kalzium abgegeben, so das diese Krankheit kurz nach der Geburt auftritt. Die Hündin benimmt sich nicht wie sonst, sie ist benommen, unruhig und nicht sicher auf den Beinen. Sie fällt wie bei einem Krampfanfall um und liegt auf der Seite, streckt die Beine von sich. Ohne eine schnelle Behandlung stirbt die Hündin an Herzversagen oder Erschöpfungen. Vorbeugen kann man nur durch ein richtig zusammen gestelltes Futter das die Hündin zu sich nehmen muss. Kalkpräparate sollen extra dosiert verabreicht werden.

Entzündung der Gebärmutter

sie tritt auf wenn sich die Gebärmutter nicht wieder richtig zusammenzieht, durch abgestorbene Welpen oder Teile der Nachgeburt die nicht ausgestoßen wurden. Es äußert sich durch übelriechenden Ausfluss. Die Hündin verweigert das Futter und hat Fieber, über 39,5 °C. Eine frühzeitige Behandlung mit Antibiotikum lässt die Infektion schnell ausheilen. Nur in wenigen Fällen muss die Gebärmutter durch eine Operation entfernt werden.

Entzündung der Milchdrüsen

bei Verletzungen gelangen Keime in das Milchgewebe und bewirken eine Infektion. Die Hündin will nicht mehr das die Welpen saugen und sie selbst verweigert das Futter. Das Gesäuge ist rot, schmerzhaft und heiß, mit einer konsequenten Behandlung lässt sich dieses Krankheit schnell in den Griff bekommen. Nur selten bleibt die Milchproduktion aus und es muss auf künstliche Welpenmilch umgestellt werden.

Es gibt eine große Bandbreite an künstlicher Welpenmilch.

Ein Welpe ist ein Nesthocker

Hunde sind Nesthocker und das bedeutet das sie blind, taub und völlig hilflos sind, sie sind auf die Hilfe der Mama angewiesen und haben ohne sie oder ohne einen Menschen keine Möglichkeit zu überleben. Die Welpen orientieren sich in den ersten Lebenswochen ausschließlich über den Tast- und Geruchssinn, so finden sie die Mama und die lebenswichtige Milchquelle.

Wie bei allen Säugetieren ist auch der Welpe auf die Kolostralmilch angewiesen, diese Erstmilch enthält die für den Immunschutz so wichtigen passiven Antikörper, ohne die es für den Welpen schwer wird zu überleben! Darum ist es auch sehr wichtig, das der Welpe kurz nach der Geburt am Gesäuge der Mama die Milch trinken kann. Zu Beginn brauchen sie noch ein bisschen Hilfe und man muss ihnen vorsichtig zeigen wo sie die Zitzen finden können, doch es ist wichtig und man darf nicht aufgeben, wenn es beim ersten Versuch nicht klappt, denn diese Flüssigkeitszufuhr ist auch wichtig für das Kreislaufvolumen, durch zu wenig Flüssigkeit kann es zu einem Herz – Lungen – Versagen kommen oder einer Kreislaufinsuffizienz.

Eine weitere Gefahr ist die Unterkühlung, in den ersten 7 Lebenstagen kann ein Welpe nicht Zittern, diesen Reflex hat er noch nicht, eine gute Umgebungstemperatur sind 21°C. Ist einem Welpen zu kalt zeigt er es durch unruhigen Bewegungsdrang, verstärkte Atmung und Lautäußerungen. Wenn er entspannt daliegt und die meiste Zeit schlafend verbringt, ist alles in Ordnung.

Die Hauptbeschäftigung von einem Welpen ist es zu trinken oder zu schlafen. Ein tolles Lebens wenn man einmal darüber nachdenkt.
In der Zeit des Schlafens ist ein Welpe sehr aktiv und hat einen hohen Bewegungsdrang, wie Drehen und Zucken. Dadurch wird die Entwicklung der Muskulatur gefördert.

Zu Begin eines Welpenlebens wird alle zwei Stunden getrunken, also 12 mal am Tag, innerhalb der nächsten 3 Wochen fällt es auf ca. 8 mal am Tag und danach auf ca. 5 mal am Tag.

Durch die gute Muttermilch nehmen die Welpen stetig zu und sollten in den nächsten 7 – 9 Tage ihr Geburtsgewicht verdoppeln. Daher ist es ratsam, nach der Geburt die Welpen zu wiegen und die Zahlen zu notieren, damit du einen Überblick über jedes einzelne Gewicht hast und so täglich kontrollieren kannst, ob alles in Ordnung ist und jeder Welpe genug Milch abbekommt. Grade bei hohen Zahlen der Welpen ist darauf zu achten, da bei den meisten Hündinnen nur 8 von 10 Zitzen Milch haben und so kann man auch überprüfen ob die Hündin für alle Welpen genug Milch produziert. Es ist wichtig das eine stillende Hündin eine entsprechende energie- und eiweißreiche Ernährung erhält. Wie durch das Futter für stillende Hündinnen oder Welpenfutter. Einige Firmen bieten auch spezielle Zusätze an, gerne kannst du dich zu diesen Produkten bei einem Tierarzt informieren, auch sie haben oft diese Produkte vorrätig und können dir gute Tipps und Hinweise geben.
Das Wiegen eines Welpen sollte immer zur selben Zeit stattfinden.

Beim Absetzten, das um die 6te Woche passieren sollte, haben die Welpen ihr Geburtsgewicht um das 6 bis 10 Fache verdoppelt.
Es gibt eine Faustregel die besagt: ein Welpe wird während der ersten 5 Monate pro Tag 2 bis 4 g pro kg des erwarteten Erwachsenengewichts zunehmen.
Heißt, wenn der Hund erwachsen ist und 20 kg wiegt, nimmt ein Welpe pro Tag 40 bis 80 g zu.

Beim Reflex für Harn- und Kotabsatz muss in den ersten Wochen noch die Hundemama mithelfen! Durch das Belecken der Analgegend wird dieser ausgelöst. Wenn dieses Verhalten bei der Hündin fehlt kann es zu Verstopfungen und Blähungen kommen, bei einzelnen Fällen ist der Tod des Welpen eine Folge davon. Darum musst du darauf achten, ob deine Hündin sich darum kümmert. Die Exkremente werden von der Mutter aufgeleckt, dadurch sorgt sie dafür das das Lager immer sauber und auch trocken bleibt. Dieses Verhalten endet meistens erst, wenn du mit dem Beifüttern der Welpen begonnen hast.

Die Sinnesentwicklung der Welpen erwacht nach den ersten Lebenswochen, als erstes öffnen sich die Augen. Mit dem 10 bis 13ten Tag kannst du damit rechnen, erst gehen sie nur ein bisschen auf und sind noch blau, was sich bei den meisten Welpen in den nächsten Tagen verändern wird. Um den 17ten Tag können sie dann richtig sehen.

Danach entwickeln sich nach und nach weitere Sinne, das Gehör beginnt zu funktionieren, nebenbei fangen sie an zu sitzen und zu laufen. Erst noch sehr tapsig, doch nach und nach wird es immer besser und sie fangen an in der Wurfbox hin und her zu tapsen. Bis die Motorik beherrscht wird, dauert ein bisschen, doch nebenbei fangen sie an verschiedenste Lautäußerungen für sich zu entdecken, sie Bellen, Knurren und Heulen, was sich sehr niedlich anhört. Man hat das Gefühl die probieren die ganze Bandbreite aus, was so alles gesagt werden kann.
Auch böse Geräusche werden immer wieder geübt, grade wenn die Mama zu lange braucht um sie zu füttern, lass dich davon nicht verschrecken. Sie quengeln einfach nur gerne.
In dieser Zeit beginnt auch der Spieltrieb und das Beschäftigen mit dem eigenen kleinen Körper, sie versuchen sich zu putzen, beknabbern sich gegenseitig und was ihnen noch so alles einfällt.

Wichtig ist auch in dieser Zeit die Wurfbox nicht unbeaufsichtigt offen stehen zu lassen, sonst kann es passieren das einer oder mehrere stiften gehen!

Zähne und der Zahnwechsel

In den ersten drei Wochen ist der Welpe zahnlos und erst danach beginnen die 28 Milchzähne zu wachsen, mit ca. 6 Monaten fallen sie nach und nach raus und das bleibende Gebiss bricht durch. Grade bei den Baby -Fangzähnen ist darauf zu achten ob sie von alleine rausfallen, falls nicht müssen sie vom Tierarzt entfernt werden. Es ist nur ein kleiner Eingriff und schnell wieder vergessen.
Das bleibende Gebiss hat 42 Zähne.

Sinne

Mit ca. einem Monat sind die Sinne eine eines Welpen ausgereift, nur kann der Ernst des Lebens beginnen und er ist bereit viel von der Mama zu lernen. Sie bringt ihm Verhaltensweisen bei, die er als erwachsener Hund braucht, beim Spielen, Balgen und Toben werden diese Verhaltensweisen gelernt und geübt. Ab der fünften Woche findet die Phase der Sozialisierung statt, die Welpen zeigen immer mehr Interesse an anderen Dingen als der Mama und lernen ihre Umgebung kennen. Haus, Garten, Menschen und andere Tiere werden neugierig wahrgenommen und genau untersucht. Diese Entdeckungen prägen ihre Persönlichkeit sehr und es ist wichtig, das sie so viel wie möglich kennen und verstehen lernen. Spielerisch lernen sie das Verhaltensrepertoire des erwachsenen Hundes. Vor allem anderen Artgenossen gegenüber. Dadurch löst sich auch immer mehr, die starke Bindung zur Mama und der Welpe wird auf die Selbständigkeit vorbereitet, wodurch der Tag des Abschieds immer näher rückt.

Absetzen des Welpen

Ein Welpe wird nicht von Heute auf Morgen abgesetzt, es passiert nach und nach. Ab der dritten Woche kann man langsam damit anfangen zuzufüttern. Zu Beginn wird das Welpenfutter mit Wasser zu einem suppigem Brei vermischt, damit der Übergang von Flüssignahrung zu fester Nahrung einfacher wird.
Am Anfang kennen die Welpen noch nicht, wie sie dieses Suppe essen müssen, um es ihnen zu erklären gehst du wie folgt vor. Streich einem Welpen ein bisschen von der Suppe auf die Lippen, ganz vorsichtig, damit nichts in die Nase kommt!
Beim Ablecken wird er auf den Geschmack kommen und anfangen zu fressen, setzt die anderen Welpen dazu und lass sie es sich anschauen. Falls sie nicht auch anfangen es zu probieren, verfahre bei ihnen genau so wie beim ersten, so werden sie nacheinander anfangen es auch zu fressen.
Wenn sie einige Zeit die Flüssignahrung bekommen haben, kannst du es fester werden lassen. Bis sie dann mit ca. 7 Wochen die Welpennahrung ganz normal zu sich nehmen können.

Entwurmung

Besonders wichtig ist es Welpen regelmäßig zu entwurmen. Es gibt hier unterschiedlichste Wurmkuren, daher ist es wichtig, schon vor der Geburt der Welpen, Rücksprache mit deinem Tierarzt zu halten, das du das Präparat schon zu Hause liegen hast, wenn es benötigt wird. Wir verwenden eine Wurmkur die ab der ersten Woche und dann immer im Wochentakt verabreicht wird.
Doch es gibt hier eine Menge Unterschiede, darum bitte beim Tierarzt nachfragen.

Impfen

Das ist ein sehr sehr wichtiges Thema und sollte nicht unterschätzt werden. Ein Welpe sollte erst mit fremden Menschen in Kontakt kommen wenn die Impfung gemacht wurde, um ihren eigenen Impfschutz aufzubauen. Das erste Mal werden sie mit 5 Wochen geimpft und dabei auch gründlich Untersucht. Auch wird dabei geprüft ob ihre Augen in Ordnung sind (bei einem Aussie sollen die Augen von einem Facharzt für Augenheilkunde untersucht werden!) und das Gehör. Wobei du dieses auch durch Beobachtung im Alltag feststellen wirst, ob alles in Ordnung ist.
Nach weiteren drei Wochen gibt es eine zweite Wiederholungsimpfung, diese dient auch der Grundimmunisierung des Welpen und schützt vor den wichtigsten Hundekrankheiten für ein Jahr. Danach muss sie aufgefrischt werden.
Zu diesen Impfungen, gibt es einen Impfausweis für jeden Welpen, dort wird eingetragen, welche Impfung und Behandlung der Welpe oder später einmal Hund bekommen hat und wann er das nächste Mal zu einer Untersuchung oder Impfung kommen muss.

Jeder Hund in Deutschland bekommt einen Chip, um ihn zu kennzeichnen und falls er einmal von zu Hause weglaufen sollte, identifiziert werden kann. Zu diesem Chip gibt es eine Nummer, wie eine Personalausweisnummer, die nur einmal vergeben wird, so das man weiß, zu wem dieser Hund gehört!

Wurfbox

Wurfboxen sind sehr wichtig für die Hündin, sie ist die Höhle in der die Welpen sicher und geschützt sind. Schon ein paar Wochen vor der Geburt der Welpen sollte deine Hündin an die Box gewöhnt werden, lasse sie darin spielen, liegen und nach Möglichkeit auch schlafen. Damit deine Hündin genug Ruhe hat, sollte die Box in einer Ecke stehen, wo kein Lärm oder Unruhe ist. Im Wohnzimmer ist oft ein guter Platz dafür, da deine Hündin sich dort wohl fühlt und du die Möglichkeit hast, es dir gemütlich zu machen um deiner Hündin Gesellschaft zu leisten.
Wurfboxen sind schnell gebaut, du kannst sie auch im Fachhandel kaufen oder bei einem Schreiner bauen lassen.

Folgende Maße sind ein Richtwert:

150 cm Länge
120cm Breite
und 50 cm Höhe

Der Eingang der Wurfbox muss ein paar Zentimeter niedriger sein als die Schulterhöhe deiner Hündin, damit sie bequem rein- und rausgehen kann!
Der Distanzrahmen dient zur Sicherheit der Welpen, damit sich die Hündin in den ersten Tagen, wo die Welpen noch motorisch hilflos sind, nicht von ihr aus versehen erdrückt werden, zur Sicherheit sollten die Welpen in den ersten Tagen regelmäßig überwacht werden, das bedeutet einige schlaflose Nächte. Denn die Sicherheit der Welpen geht vor!
Vorzugsweise hat die Wurfbox einen aufklappbaren Deckel, das deine Hündin wirklich das Gefühl hat in einer Höhle zu sein. Der Boden sollte mit einer Folie beklebt werden, damit keine Flüssigkeiten in das Holz ziehen können, die Folie sollte am Rand ca. 2 cm nach oben gehen, damit die Wände nicht beschmutzt werden können.

Als Polsterung eignen sich Handtücher und Waschlappen, damit deine Hündin sich ein Nest bauen kann, damit beginnt sie in der Regel schon ein paar Tage von der Geburt der Welpen.
Nach der Geburt ist es ratsam eine Rotlichtlampe in die Box zu hängen, die Halterung sollte gleich beim Bau mit eingeplant und eingebaut werden, sie darf aber nicht zu dicht an den Welpen sein, damit sie sich nicht verbrennen.

Das Beispiel einer Wurfbox mit Sicherheitsrand.

Welpenspielplatz

Wenn die kleinen Zuckerschnuten dann alt genug sind um zu spielen, solltest du dich auf einiges gefasst machen. Damit deine Einrichtung nicht zu sehr leidet, biete ihnen einen Spielplatz an, wo sie tun und machen können was sie wollen.
Wichtig ist dabei, das du darauf achtest das sie sich nicht verletzen können, das Spielzeug nicht giftig ist, grade bei Stofftieren oder Spielzeug das sie zerbeißen können! Und wenn du einen Zaun drum herum baust, ist darauf zu achten das sie den Kopf nicht durch die Gitterstäbe stecken können, Erstickungsgefahr! Und das sie es nicht schaffen drüber hinweg zu klettern. Die kleinen haben ein ausbruchspotential, das kann man sich vorher gar nicht vorstellen. Den Welpen zuliebe muss man auf jede Kleinigkeit achten.

Beispiele von Einrichtungsgegenständen

Ein Becken mit bunten Spielbällen
Ein Tunnel zum verstecken
Ein Kinderspielzelt
Eine Buddelkiste
Eine Hütte zum verstecken
Quietsche – Spielzeug mit dem sie aber nur spielen dürfen, wenn eine Aufsichtsperson dabei ist, grade bei solchem Spielzeug ist die Gefahr groß das sie es Kaputtbeißen und Teile davon fressen.
Je nach dem welche räumlichen Möglichkeiten dir zur Verfügung stehen solltest du viele unterschiedliche und wechselnde Spielmöglichkeiten einrichten. Damit die Kleinen immer gut beschäftigt sind und gleich zu Beginn ein wunderbares Leben haben.

Positiver Stress

Grade bei einem Welpen und Junghund ist es wichtig, viele unterschiedliche Lebensabschnitts – Erlebnisse zu durchleben. Denn nur ein Hund der schon viel erlebt hat, kann angstfrei und unbeschwert durchs Leben gehen.
Wenn dein Hund z. B. immer nur in deinem Garten ist, 2 – 3 mal am Tag mit dir spazieren geht und einmal in der Woche in die Hundeschule, wird er niemals ein ausgeglichener Hund werden.
Dein Hund muss viel kennen lernen, um seiner Umwelt zu vertrauen und Selbstbewusstsein aufzubauen.
Geh schon mit deinem Welpen einen Stadtbummel machen, achte nur auf ihn und seine Reaktionen, sprich viel mit ihm und achte darauf das es für ihn ein schönes Erlebnis wird.

Erlaube aber Niemanden ihn zu füttern, auch wenn es Viele nur gut meinen, man weiß nie genau was sie ihm geben!

Mach Ausflüge mit ihm, z. B. in einen Zoo, einen Tierpark, ein Besuch am See oder auch mal auf einen Flohmarkt. Er muss alles sehen und erleben dürfen, immer neue Eindrücke kennen lernen, so wird er zu einem Glücklichen und vor allem Positiveingestellen Hund!
Lass ihn dabei viel selbst herausfinden und erforschen, nebenher kannst du ihn auf spielerische Art und Weise erziehen, grade bei neuen Situationen bis du sein Leittier und er wird sich immer nach dir richten, nutze diese Augenblicke um das Vertrauen zu vertiefen und zeig ihm ein Leben voller Abenteuer und das Alles was auf den ersten Blick ganz schrecklich und böse aussah, gar nicht so schlimm und fürchterregend ist, wenn er an deiner Seite ist und dir vertraut. Die Beziehung zu deinem Hund ist ein Geben und Nehmen, wenn du ihm die Möglichkeit gibst sich voll zu entfalten, wird er es dir auf seine Art danken!

Doch auch hier gibt es ein paar Dinge zu beachten, das fremde Menschen deinen Hund nicht füttern dürfen, habe ich schon begründet, ich halte das für eine ganz wichtige Sache. Aber auch bei den Ausflügen ist darauf zu achten, das du deinen Kleinen nicht überforderst. Als Welpe und Junghund braucht er oft eine Pause und er wird auch zwischendurch tief und fest schlafen, das soll ihm gegönnt sein. Er ist wie ein kleines Kind und darauf muss man achten und es berücksichtigen. Auch bei Spatziergängen, Gewaltmärsche sind nichts für Welpen oder Junghunde, genügsame Runden machen ihn glücklicher, als wenn du ihn Stundenlang durch die Gegen ziehst, durch solche missverstandenen langen Runden kannst du deinen Hund mental krank machen und erreichst nicht das er ausgeglichen sondern aggressiv wird.

Mir deinem Welpen gehst du zu Beginn am besten eine 10 - 15 Min. Runde und das lieber mehrmals am Tag, wo im Fordergrund steht das er sich löst und mit ihm gespielt wird. Wenn er sein Geschäft erledigt hat, belohne ihn mit spielen. Um so älter er wird um so länger kann eure Runde werden. Das wird von ganz alleine passieren und du und dein Hund werdet eine Menge Spaß bei euren Spatziergängen und Ausflügen haben.

Einem Verein beitreten oder nicht?

Um neue Freunde und Gleichgesinnte zu finden, dafür braucht du keinem Verein beitreten, da sind Clubs, Internet - Foren oder Veranstaltungen, wie Ausstellungen oder Messen, geeigneter. Da es bei Vereinen zum kennen lernen oft nur eine Jahreshauptversammlung gibt.
In einem Verein hat man die Vorteile das man immer über Änderungen informiert wird, z. B. wenn sich etwas an Bestimmungen oder Vorschriften ändert, wann wieder eine Ausstellung oder Veranstaltung ist und viele Vereine bieten für seine Mitglieder Schulungen und Lehrgänge an. Aus den verschiedensten Bereichen: Genetik, Training für Ausstellungen, neueste Sportarten oder Informationsveranstaltungen über neue Ergebnisse der Krankheiten, die das Leben eines Aussies schwerer machen könnte.

Wenn du in einem Verein bist, bekommst du alle Unterlagen die du benötigst vom Verband gestellt um z. B. deine Welpen anzumelden, um Papiere für sie zu bekommen, Unterlagen für die Untersuchungsergebnisse oder Meldeunterlagen für Ausstellungen und Veranstaltungen.
Viele Vereine speichern auch die Untersuchungsergebnisse der Hunde und veröffentlichen sie, für alle anderen Mitglieder, was sehr vorteilhaft für Züchter ist, so wissen alle das man gute Tiere hat und das man alle Untersuchungen vorliegen hat. Was für einen selbst auch vorteilhaft ist, wenn man auf der Suche nach einem geeigneten Partner oder einem neuen Hund ist. Man hat gleich alle Adressen, Informationen über die Untersuchungsergebnisse und dadurch auch eine hohe Zeitersparnis, gegenüber einer Suche ohne Hintergrundinformationen.

Grade für Neulinge im Bereich der Aussies kann es sehr interessant sein, da man in einen Verein immer einen Ansprechpartner hat, um bei allen Fragen zu helfen. Diese Möglichkeit hat man sonst nicht, wenn man noch keinen erfahrenen Bekannten gefunden hat, der weiterhelfen kann. Grade wenn man sich mit Genetik, Krankheiten und Vererbungslehre auseinandersetzen möchte, sollte man mehr machen als nur ein Buch zu lesen. Und sich mit Anderen darüber austauschen und genauer darüber informieren möchte, was die Seminare und Lehrgänge der Vereine sehr gut machen, da bei solchen Veranstaltungen auch oft Vorträge von Tierärzten abgehalten werden. Oft werden auch Welpen zur Abgabe veröffentlicht und Zuchtstätten dürfen auf den Seiten des Vereins für sich und ihre Hunde werben. Die natürlich auch von Vereinsfremden eingesehen werden können, damit eine große Bandbreite von Interessenten darüber informiert werden können.

Waschen und Baden

Bei Hunden hat das Fell eine natürliche Schutzschicht die sie weitgehend gegen Schmutz und Nässe schützt. Durch zu vieles baden, kann sie verloren gehen, daher ist es wichtig, das du deinen Hund nicht zu häufig wäschst und falls doch, nimm am besten Baby – Shampoo. Das ist schonend und falls es passieren sollte, das dein Hund etwas davon ins Maul oder in die Augen bekommen sollte, ist es nicht ganz so schlimm wie bei anderem Shampoo. Natürlich gibt es auch extra Hundeshampoo, doch warum so ein teures Produkt kaufen, wenn es auch hochwertige Alternativen gibt?
Am einfachsten ist es, wenn du deinen Hund in der Badewanne badest, achte nur darauf das nicht zu viel Wasser in der Wanne ist, am besten einfach nur die Duschbrause nutzen, wenn du keine Badewanne hast, nimmt deinen Hund einfach mit in die Dusche, wenn du duschst. Dann wirst du nicht ungewollt nass und dein Hund ist nicht so alleine im bösen Nass.

Das Wasser für deinen Hund sollte lauwarm sein, teste es bevor du deinen Hund damit verbrüst oder ihn mit zu kalten Wasser erschreckst. Augen - und Nasenbereich sollten nicht nass werden, das ist sehr unangenehm für einen Hund, auch in die Ohren sollte kein Wasser kommen, da sind sie sehr empfindlich.
Nach dem Duschen, solltest du schnellstmöglich ein Handtuch auf deine Rücken legen und ihn abrubbeln, denn nach dem duschen gibt es nichts schöneres für einen Hund als sich ordentlich zu schütteln. Du kannst dir sicher vorstellen, wie dann dein Badezimmer aussieht...
Auf dem Fell darf kein Shampoo zurückbleiben, wenn die Reste auf der Haut trocknen, kommt es zu Juckreiz.

Trimmen und Scheren

Dadurch soll das Haarkleid deines Hundes in Form gebracht werden, damit die Form deines Hundes besser zur Geltung kommt und sein Erscheinungsbild verbessert.
Das Scheren
Mit einer elektrischen Schermaschine wird das Haar auf die gewünschte Länge gekürzt, es darf aber nicht zu kurz geschnitten werden, eine Mindestlänge von 1 cm sollte eingehalten werden, bei einem Aussie sollte man das nur in Ausnahmefällen machen.

Trimmen

Beim Trimmen wird das alte und abgestorbene Haar entfernt oder besser ausgerupft. Die losen Haare werden samt der Wurzel entfernt, dadurch wird dem Fell ermöglicht, sich zu erneuern.

Kämmen und Bürsten

Ein Aussie braucht das ganze Jahr über Fellpflege, nicht nur im Frühjahr, wenn das Winterfell in das Sommerfell wechselt.
Darum gehören Bürsten und Kämme zur Grundausstattung, deinen Aussie musst du von Anfang an bürsten und ab und an nach Zecken, Flöhen oder nach anderen Dingen untersuchen, manchmal schleicht sich auch eine Klette ein oder dein Hund hat ein Ekzeme. Darum musst du ihn von Anfang an, daran gewöhnen.
Dabei solltest du dir auch gleich die Krallen anschauen, eigentlich laufen sie sich von alleine ab, beim gassiegehen. Falls das nicht der Fall sein sollte, müssen sie gekürzt werden. Es gibt extra Krallenschneider im Tiergeschäft, wenn du es dir nicht zutraust, kann es auch jeder Tierarzt in ein paar Minuten erledigen.
Wenn du es selbst machen möchtest, achte darauf das du es vorsichtig machst und nicht in die Blutgefäße schneidest oder ihm wehtust!

Welche Bürste bei einem Aussie?

Ab besten geeignet sind Bürsten mit langen und abgerundeten Zähnen, wenn viel Unterwolle vorhanden ist, brauchst du eine sogenannte Zupfbürste für die Unterwolle. Unterschiedlichste Modelle bekommst du im Tierfachgeschäft, dort kann man dich auch sehr gut zu den neuesten Modellen beraten.
Grade im Fellwechsel, solltest du einplanen deinen Aussie alle zwei bis drei Tage zu bürsten. Sonst hast du überall die Haare im Haus verteilt.

Für Ausstellungen bedarf es ein bisschen mehr, als ein einfaches bürsten. Um deinen Aussie so schick aussehen zu lassen wie möglich. Daher kann ich nur dazu raten, wenn du an einer Show teilnehmen möchtest, lass deinen Aussie von einer Fachkraft frisieren oder nimm an einem Seminar teil, wo dir beigebracht wird, einen Aussie Ausstellungsfertig zu machen. Dort lernst du alle Tricks und Kniffe die du brauchst um deinen Aussie super aussehen zu lassen. Diese Seminare werden von Verbänden, aber auch von Privatpersonen angeboten. In Fachkreisen nennt man das frisieren eines Hundes Groomen.

Der Ablauf im Show - Ring

Meistens gibt es einen Helfer des Richters, ein sogenannter Ringsteward. Er ruft die jeweiligen Klassen auf und du selber bist dafür verantwortlich bei Aufruf am und im Ring zu erscheinen. Wenn du also das Aufrufen in der Halle oder auf dem Außenplatz nicht hörst, weil du weggegangen bist z. B. um den Hund auf den ausgeschilderten Löseplatz zu bringen, wird es passieren das du „ausgeschlossen" wirst. Darum vergewissern dich vorher, dass die nächste Klasse nicht deine ist.
Als erstes werden dann die Teilnehmenden Hunde der Reihe nach aufgestellt, jeder hat seine Startnummer vorab bekommen und in dieser Reihenfolge wird man dann sortiert. Da du nicht mit Namen angesprochen wirst, sondern immer als Nummer. Diese Nummer musst du für den Richter gut sichtbar mit dem Clip an deiner Kleidung festmachen. Am besten am deinem linken Arm, denn dort kann der Richter sie am besten sehen. Wenn du deinen Platz zugewiesen bekommen hast, Achte dabei auch auf einen ausreichenden Abstand links und rechts zu den anderen Ausstellern, du weißt nie wie sie auf deinen Hund reagieren und man läuft auch besser, wenn genug Platz für Alle da ist. Betritt der Richter die Mitte des Ringes stellen alle Aussteller ihre Hunde zunächst einmal in Position. Das heißt, du stellen deinen Hund so zum Richter, dass er ihn von der Seite gut und deutlich betrachten kann. So verschafft sich der Richter den ersten Eindruck über alle anwesenden Hunde.

Danach fordert der Richter alle Aussteller auf ihre Hunde im Kreis im Trab zu bewegen. Achte hierbei gut auf die Geschwindigkeit, falls du als Erster läufst, dein Aussie sollte natürlich aber zügig laufen. Wenn du hinter Jemandem läufst, achte gut auf ihn, nicht das es zu einem Zusammenstoß kommt. In dem Fall hast du später bei der Einzelbewertung noch die Möglichkeit deinen Hund, in dem für ihn am vorteilhaftesten Tempo vorzustellen. Der Richter gibt, wenn er genug gesehen hat, das Kommando zum abbrechen und nun fordert nun den ersten Teilnehmer auf, zu ihm zu kommen. Zur gefürchteten Einzelbewertung. Hier wirst du, genau wie in der Gruppe im Trab vorführen wie dein Aussie läuft, nur das dieses Mal die Augen nur auf dich gerichtet sind. In den meisten Fällen läuft du einmal die Bahnen die dir der Richter vorgibt und schließt dann wieder hinten an die Gruppe an. Auch in der Zeit in der du nicht an der Reihe bist, darf sich dein Hund nicht setzen. Mach ihn die ganze Zeit auf dich aufmerksam und stell ihn so schön wie es dir nur möglich ist, denn auch wenn der Richter eigentlich damit beschäftig ist, die Einzelläufer zu bewerten, er sieht alles und lässt alles mit in die Gesamtwertung fließen.

Fordert der Richter dich als nächstes auf, zu ihm zu kommen, machen deinen Hund aufmerksam und gehen dann zum Richter.

Hierbei ist es wichtig, das der Richter deinen Hund anfassen kann. Er fühlt die Rippen ab, bei den Rüden überprüft er das Vorhandensein beider Hoden. Auch das Gebiss wird angeschaut, wenn er das Gebiss kontrollieren möchte, hilf ihm dabei, indem du deinen Hund so vor dich nimmst, dass er sich nicht nach hinten dem Richter entziehen kann. Viel Richter wollen das die Mimik des Hundes eine freundliche Ausstrahlung hat. Dazu spricht der Richter den Hund an und achtet auf seine Reaktionen. Danach wird der Richter dich dazu auffordern deinen Hund zu bewegen. Nach dem Vorführen in der Bewegung wird der Richter die Bewertung schriftlich festhalten. Bei einigen Ausstellungen schreibt ein Helfer die ganze Zeit mit, bei anderen wird die Bewertung erst am Richtertisch aufgeschrieben, das dauert dann ein bisschen länger.

Jetzt kommt es wieder auf dich an, dein Hund muss bestmöglichst gestellt und präsentiert werden, er muss so aufgestellt sein, das der Richter ihn gut von der Seite beurteilen kann, darum halte genug Abstand zum Richter, damit er deinen Hund in der Gesamtheit beurteilen kann.

Bleibe bei der ganzen Ausstellung ruhig und gelassen, auch wenn es leichter gesagt als getan ist, doch jede Nervosität überträgt sich auf deinen Hund, er spürt jede Unruhe und das überträgt sich auf ihn.

Denke nur an deinen Hund und konzentriere dich auf ihn, blende die anderen Hunde und Alles um euch herum aus, wenn der Richter alle Daten notiert hat, kannst du wieder auf deinen Platz zurück gehen.

Auch wenn jetzt deine Wertung schon geschrieben ist, kannst du noch nicht durchatmen, denn wieder muss dein Hund so lange stehen bis alle Entscheidungen und der Sieger bekannt gegeben wurde. Also ruhig bleiben und abwarten. Wenn alle Einzelbewertungen gemacht wurden, wird der Richter alle Platzierten bekannt geben.

Wenn viele Hunde in der selben Klasse ausgestellt wurden, kann es sein das es noch eine Endausscheidung gibt, in diesem Fall werden einige Hunde vorher noch aus dem Ring entlassen, oft werden sie vom Richter mit der Hand verabschiedet.

Wenn du Glück hast und mit in der Endausscheidung bist, wird es jetzt noch viel spannender als vorher. Denn jetzt kommt es noch mehr auf eure gemeinsame Ausstrahlung an, als in der ersten Runde. Denn in so einer Runde sind die meisten Hunde gleichermaßen vorzüglich, so das die gemeinsame Vorstellung die Entscheidung bringt. Also muss du dir noch einmal richtig Mühe geben.

Wie in der ersten Runde müssen zusammen ein paar Runden gelaufen werden und vielleicht noch ein paar Einzelrunden, anschließend kommt die letzte Aufstellung, zeig deinen Hund in seiner ganzen Pracht.

Der Richter wird dann alle der Reihe nach aufstellen und somit die Plätze bekannt geben.

Das Vorführen, auch Handling genannt

Unabhängig davon wie toll dein Hund ist, ist es von großer Wichtigkeit wie er Vorgestellt und Präsentiert wird, denn auch das fließt mit in die Bewertung deines Hundes.

Auch wie du dich im Ring mit deinem Hund darstellst und wie ihr miteinander harmoniert. Das darf nicht unterschätzt werden.
Darum ist es auch wichtig, die Ausstellungen ernst du nehmen und dafür zu üben und zu lernen. Es gibt viele Züchter und Aussteller die Lehrgänge anbieten, das Handling eines Hundes zu lernen und hilfreiche Tipps zu geben. Denn du selbst, kannst dich zu Hause nicht selbst bewerten, so das sich immer mehr Fehler einschleichen, die du selbst gar nicht wahrnimmst.

Denn für Richter ist es sehr schwer, einen nicht trainierten Hund zu bewerten, wenn er sich nicht anfassen lässt oder den Richter anspringt. Und auch die körperliche Pflege deines Hundes ist wichtig.

Er muss nicht nur sauber, sondern auch ordentlich gebürstet und gegroomt sein. Denn es ist sehr unangenehm, wenn man mehrere dreckige Hunde anfassen muss, um sie zu bewerten.

Grundvoraussetzungen für ein erfolgreiches Ausstellen

Der Hund muss gut sozialisiert sein
Er muss Spaß daran haben, so viele andere Hunde und Menschen auf einmal zu treffen
Er darf nicht übermäßig nervös sein
Eine solide Grundausbildung
Leinenführigkeit
Ein ausgezeichneter Pflegezustand, sowohl ordentlich bemuskelt als auch gepflegt, incl. sauberer Zähne

Das Aufstellen

Dein Hund soll ungezwungen und frei vor dir stehen.
Das Gewicht soll gleichmäßig auf allen vier Beinen verteilt sein, wobei dein Hund seine Beine genau unter dem Schwerpunkt stehen haben sollte
Er schaut freudig zu dir auf, doch die Rute (falls er nicht NBT ist) ist relativ ruhig und dein Hund zappelt nicht freudig herum.
Der Kontakt zwischen dir und deinem Hund reißt die gesamte Zeit nicht ab. Er ist die ganze Zeit aufmerksam und nicht aggressiv anderen Hunden gegenüber.

Damit es so wirken kann, als wäre es das Natürlichste auf der Welt, solltest du früh mit dem Training beginnen. Schon in der Welpenzeit, wobei du nicht vergessen darfst, das die Konzentrationsfähigkeit in diesem Alter sehr gering ist. Darum deinen Welpen immer nur sehr kurze Zeit stehen lassen, das aber zwei bis drei Mal am Tag wiederholen. Da diese Übungseinheiten zu Anfang vollkommen ausreichend sind. Sei sehr freundlich aber konsequent, damit es eine positive Übung bleibt.

In der Zeit sollte auch gleich die Zahnkontrolle mit geübt werden, schieb deinen Hund vorsichtig die Lefzen hoch und kontrolliere die Stellung des Kiefers. Danach kontrolliere den hinteren Bereich der Maulhöhle, dabei nicht vergessen, immer Loben. Dann wird dein Aussie es auch im hohen Alter dulden und genügsam über sich ergehen lassen. Positiv daran ist auch, das dann auch ein Tierarzt die Zähne deines Aussies ohne Probleme nachschaut kann.

Das Vorführen in der Bewegung ist nicht schwer zu lernen, anders als das Aufstellen, doch hier sind auch einige Punkte zu beachten. Auch die Bewegung muss geübt werden, denn dein Hund muss leinenführig sein, dafür solltest du von Anfang an mit der Ausstellungsleine üben, damit dein Hund zwischen Unterordnungsübungen und dem Ausstellungsüben unterscheiden kann. Denn bei der Arbeit für die Ausstellungen, darf er sich nicht hinsetzen.

Und soll er bei den Ausstellung, sich nicht unterordnen, sondern sich frei und freundlich zeigen, Alle sollen sehen das es ihm viel Spaß macht, mit dir durch den Ring zu laufen und sich zu präsentieren.
Es gibt auch Hunde, sie wahre Showtalente sind, sie lieben es im Mittelpunkt zu stehen und schweben förmlich neben ihrem Besitzer her und zeigen was ihre Bewegung zu bieten hat.
Der Richter will einen Hund sehen, der in einer graden gleichmäßigen Bewegung traben kann, erst vom Richter grade weg, am Ende wenden und wieder auf den Richter zulaufen, hierbei soll dein Hund auf der selben Linie sein wie der Richter, der Richter kann nur so die schwungvollen Bewegungen beurteilen und bewerten. Anschließend wirst du noch einmal um den Ring laufen um Hinten wieder anzuschließen.

Das Aufstellen und das Vorführen in der Bewegung soll der natürlichen Rasse entsprechend sein.

Die Bewertung

Auf den Ausstellungen werden die Hunde in verschiedene Klassen eingeteilt, nach Alter, kastriert oder nicht kastriert und nach Farben. Und falls schon ein Titel vorhanden ist, wie z. B. Champion, wird auch danach eingeteilt, damit jeder Hund seine Chance bekommt eine Platzierung zu erringen. Und nicht etwa ein Welpe gegen einen 2 Jahre alten Champion antreten muss.
Und natürlich werden die Hunde auch nach Rüden und Hündinnen eingeteilt, da die Statur von einer Hündin anders ist, als die eines Rüden.

Checkliste für eine Ausstellung

Wasser und Futternapf
Wasserflasche für deinen Hund
Verpflegung für Mensch und Hund
Hundeleckerlies für die Vorführung, am besten kleine Wurststücke

Pflegeutensilien, wie Tücher für die Augen, Handtücher, Bürsten usw.
Ansteckclip oder ein Gummi für die Startnummer
Eine Ausstellungsleine

Die Meldebestätigung
Impfpass von deinem Hund und die Ahnentafel oder die Papiere

Stühle oder eine Decke
Eventuelle eine Box für deinen Aussie
Und falls es sehr warm sein solle, einen Sonnenschirm und Sonnencreme.

Das kleine Aussie – Lexikon

Agility	Hundesportart mit Hindernissen
AKC	American Kennel Club
ASCA	Australian Shepherd Club Amerika
ASCD	Australian Shepherd Club Deutschland
Auszucht	So nennt man die Blutauffrischung, Verpaarung von fremdblütigen Zuchttieren innerhalb einer Rasse
Bi	Zweifarbig
Black	Schwarz
Black bi	ein schwarzer Hund mit weißen oder kupferfarbigen Abzeichen
Black Tri	ein schwarzer Hund mit weißer Markierung und zusätzlich braunen bis kupferfarbigen Abzeichen über den Augen, an den Seiten des Fangs, sowie an den Läufen und in der "Hose", dem Behang an den Hinterbeinen
Blue Merle	der Hund ist grau / schwarz gestromt mit Sprenkelungen von silberfarbigem oder weißem Haar.
CH	ist ein Schönheits- Titel, der vor dem Namen des Hundes steht, die errungenen Arbeitstitel stehen hinter dem Namen
Championzucht	Übermäßige, schädliche Verwendung hochprämierter Rüden zur Zucht
Chromosom	Einheiten der DNS im Zellkern
Chrossbreeding	Kreuzen
Clinics	Vorbereitungslehrgänge zur Conformation Shows und Obedience Trials
Co - Owner	Mitbesitzer
Code of Ethics	Zuchtleitlinien oder Verhaltens - Ehrenkodex
Conformation Show	eine Hundeausstellung, bei der die körperlichen Strukturen der Hunde bewertet werden
Copper	Kupferfarben
DNA	Genetischer Abstammungsnachweis (Blutuntersuchung)

Ektropium	Ein ausgerolltes Augenlied.
Engzucht oder Linienzucht	Verwandtenzuchten
Entropium	Ein eingerolltes Augenlied.
FCI	Federation Cynologique Internationale
HD	Hüftgelenksdysplasie ein Hüftfehler, ein erblicher Defekt. Zur Zucht sollten nur Hunde mit Auswertung A1 und A2 genommen werden
Kryptorchismus	Der Rüde hat keinen Hoden im Hodensack
Merle	Pigmentaufhellung der Grundfarbe
Monorchismus	Der Rüde hat nur einen Hoden im Hodensack
NBT	Natural Bobtail = ist eine angeborene kurze Rute
Obedience	Gehorsamkeit bzw. Sportart
Ophtalmologe	Facharzt für Augenkrankheiten
Pedigree	Stammbaum oder Ahnentafel
PRA	Progressive Retina - Atrophie fortschreitender Netzhautschwund
Red	Rot
Red Bi	einfarbig brauner Hund mit weißen oder kupferfarbigen Abzeichen
Red Merle	der Hund hat dunkel mahagonifarbige bis hellrote Flecken mit Sprenkelungen von weißen oder beigefarbigen Haaren.
Red Tri	brauner Hund mit weißer Markierung und zusätzlich braunen bis kupferfarbigen Abzeichen über den Augen, an den Seiten des Fangs, sowie an den Läufen und in der "Hose", dem Behang an den Hinterbeinen
Solid	Einfarbig
Solid Black	einfarbig schwarzer Hund
Solid red	einfarbig brauner / roter Hund
Tri	Dreifarbig
White	Weiß
Will to Please	Kooperationsbereitschaft oder Führigkeit dieser Rasse, er will seinem Besitzer gefallen und tut daher sehr viel von sich aus

Regenbogenbrücke

So schmerzhaft es auch ist, eines Tages kommt der Augenblick wo du dich verabschieden musst. Um in diesem Augenblick nicht die schwerste Entscheidung deines Lebens treffen zu müssen, solltest du dir frühzeitig überlegen was das Richtige für deinen Schatz ist. Heutzutage gibt es eine große Bandbreite von Möglichkeiten, hier stelle ich dir ein Paar vor:

Die Einäscherung

Viele Anbieter holen dein Liebling beim Tierarzt deiner Wahl ab und sorgen für Alles.
Wenn dein Liebling abgeholt wurde, wir er verbrannt und kommt in einer schönen Urne wieder zu dir nach Hause oder die Urne kann auf einem Tierfriedhof beigesetzt werden.
Wenn du das Beides nicht möchtest, kann die Asche deines Lieblings auch verstreut werden, auf einer dafür angelegten Fläche ist das möglich. Auf der Streuwiese des Krematoriums.
Einige Krematorien bieten auch an, das du dich ein letztes Mal von deinem Liebling verabschieden kannst und der Einäscherung beiwohnen kannst.
Frag deinen Tierarzt vorab, ob er schon mit einer Firma zusammen arbeitet, ansonsten gibt es im Internet die Anbieter, mit allen Angaben die du benötigst.

Ausstopfen

Es gibt auch die Möglichkeit deinen Schatz ausstopfen zu lassen, auch wenn es für viele Menschen eine Makabere Vorstellung ist, sein Tier ausstopfen zu lassen, bieten es viele Firmen an, die sonst nur Wildtiere ausstopfen. Das sollte allerdings schon lange vorab erfragt und besprochen werden. Damit das Ergebnis auch deinen Wünschen entspricht.

Beim Tierarzt lassen: Wenn dein Liebling gegangen ist, kannst du ihn beim Tierarzt lassen oder auch abgeben, wenn es bei dir zu Hause passiert ist. Dein Tierarzt kümmert sich dann um alles Weitere.

Das Vergraben im Garten ist nicht erlaubt. Vom Gesetzgeber her ist es verboten Tiere im Garten zu vergraben, wenn man dafür angezeigt wird, kann es eine hohe Geldstrafe beinhalten oder sogar schlimmeres. Daher rate ich stark davon ab, deinen Liebling im Garten zu begraben. Auch wenn es dein Garten ist, es ist verboten!